請問里山怎麼走？

走讀
從森林到海岸的四季生活

古碧玲——執筆
蔡靜玫——繪圖

台灣環境教育協會——主編

Contents

Chapter 1　不是一座山名：認識里山

請問

里山怎麼走？

Chapter 2 臺灣四季森川里海

圖解／【OPEN 臺灣里山】

請問

里山怎麼走？

請問

里山怎麼走？

Chapter 3 里山你我他：既體驗也參與

以國土生態綠網，織就人與動植物的好生活

常有人會問，為何臺灣的保護區那麼多，保育依然問題困難重重？主要原因之一是在各類型法定自然保護區域串連而成的脊梁山脈保護軸與國有林事業區以外，臺灣仍有近六成保育類野生動物棲息於淺山丘陵、平原到海岸地區，這些區域不僅私有地比例高，也是人為開發、擾動最頻繁的地帶，許多淺（里）山物種，例如石虎、草鴞、兩棲類、池沼魚類等，因棲地破碎化日漸嚴峻，隱藏族群隔離、食物短缺等危機，不利於族群存續。

因此，林務局決定跨出保護區，針對淺山平原地區規劃了縫補重要生態系的政策──國土生態保育綠色網絡建置計畫，於 2018 年啟動，盼藉由跨部會與中央地方的合作，藉由東西向河川藍帶與生態綠帶等廊道逐一串連，接起山脈與海岸，編織「森、川、里、海」國土生物安全網。

經過一年的磨合，無論中央部會或民間夥伴對國土生態綠網都有了一定程度的共識，並給予直接回饋；許多部會更開始在各自的業務範疇與綠網搭接，水利署爬梳河川生態資源，國產署著手盤點閒置的土地，若具備生物多樣性資源條件的土地不再標售或標租，而是維持現狀，或進行生態營造等；交通部鐵路與公路部門在石虎棲地及其他生態廊道的營造，也成為積極回應民意的重要夥伴。此外，內政部營建署的國土計畫，也將國土生態綠網的建置納入視野。

而部分條件更有利的小區塊,例如花蓮大農大富平地森林園區,恰恰可串接起中央山脈和海岸山脈;透過跨部會跨單位協調,花蓮林管處已從 2018 年開始著手生物監測。而恆春半島強勢外來種銀合歡的移除工作,也已更大尺度啟動了。林務局也運用多元的教育推廣方式,例如深受國人喜愛的「里山動物列車」,讓大家知道我們正在推動國土生態綠網。

過去公私部門都做過許多生態資源調查,卻缺乏整合,這將是國土生態綠網的一項重要工作,彙整分散在各個不同的部會、學術單位、民間的資料,這些資料再套疊各種不同的土地圖資,除了能了解區域生物相在時間軸下的分布與消長,也可得知哪些動植物在何種趨勢或土地利用之下的存續狀態,甚至可知悉與哪種產業有關聯,其關聯是正向還負向?全面且有脈絡地掌握並解讀資料,是未來國土生態綠網重要的規劃基礎。

里山聚落逐漸瓦解的隱憂也必須獲得改善。林務局以戰略角度在特定生物多樣性熱點區域,投入資源,推動里山思維;培育在地的友善環境產業,除了保全區域生物多樣性資源,還能藉由永續產業,創造年輕人口回流。我們更期待這些先驅點位的示範效果擴張到周邊聚落,讓更多社區有信心投入永續產業,逐步串接起散落的棲地。

我們也開始推動生態服務給付，在生物多樣性資源的關鍵區域，由政府提供公益性補貼，鼓勵在地居民維護既有珍貴資源，並良善管理土地，因為生物多樣性資源是公共財，維護的成本理應由全民分攤，其中增加的成本由全民分擔管理費。在本書中提到的南投中寮，正是我們率先試辦這項作法的鄉鎮，讓石虎存續與居民生計能夠兼顧。

《請問里山怎麼走》一書深入淺出詮釋里山，並走訪貢寮水梯田、卯澳漁港、中寮鄉、官田區、德文部落到加塱溪流域等社區，以四季呈現森川里海的美麗與哀愁，更看見其價值。希望您也起而同行，成為里山的守護者。

行政院農業委員會林務局局長

Chapter 1

不是一座山名：
認識里山

- 傳統上，「里」，代表人類居住和利用的地方，包括聚落和耕地，圍繞它們旁邊的山林就是「里山」

- 「里山地景」則包含了農田耕地、次生林環境、溪流水圳、村落、池塘、草原等鑲嵌地景

- 都市化、過度開發、人口凋零，讓里山里海地景逐漸荒蕪消失

- 聯合國及相關國際組織，紛紛借重「里山倡議」概念，倡導自然資源的保育及永續使用

- 經由保全和活用里山地景資源，維護生物多樣性，持續供給在地生產和居民生活所需資源

- 為臺灣棲息在淺山平原到海岸地區的 6 成保育類動物張開一面安全網

1 里山
是什麼？

「里山」一詞源自日文，唸做「satoyama」，
里山是一種區位和土地利用的概念，
在不同的國家地區可能會以不同名稱出現

漁夫划著船悠悠行在湖間，以鐵網魚籠捕撈
起兩尾肥碩的鯰魚，盤旋天際的老鷹對準挨
著小舟旁的木箱裡幾條小魚，迅疾啣走一尾，
白色梅花藻浮在水上，綠茸茸的葉莖鋪滿水
下……。

人、鳥、魚、植物在這清澈的水澤濕地間，安
然相處，靜到只聞波聲鳥叫蟲鳴，山色湖光宛
若噴灑了一層薄薄的金箔，里山就躍動在那些
扣人心弦的景象之中。

里山與人的距離，很近！

里山倡議的「里山」（Satoyama）是日文漢字，「我就直接從這兩個字的字義來說，這兩個漢字也跟中文的字義相通。」東華大學環境學院副教授李光中說明「里山」兩個字的由來。

他簡單扼要解釋「里山」：「『里』有田有土，意謂著土地上耕作的行為與活動，背後常有一群人透過在土地上耕作來謀生、生活。」

「里山」傳統上指的是聚落、耕地附近的山林資源，李光中進一步解釋，「這個山不會太遠！里，就是比較近、比較親，就是鄰近的山林。」

「里山倡議」則是倡導保全活用「里山地景」資源，包括傳統農村社區的生活、生產所倚賴的自然和人為改造環境：里山地景由聚落、耕地、鄰近的山林所組合，居民食衣住行大部分所需資源都倚賴里山地景供給，這是人地長期互動所呈現的地景風貌。

相對於日本「里山」，「里地」主要是平原聚落生活和耕作的環境；「里海」則是指漁村生活、生計所及的沿岸海域環境。國際「里山倡議」的範圍，則統括里山、里地、里海。

延伸出森川里海生活、生產、生態的意涵

不過現在講「里山」，指的是從高山到平原之間，包含聚落、森林、農業的混合地景，著重於人在森林的生態裡，農村所墾殖的生產地景。

「里海」意指靠海岸地區，在海洋生態中，靠海洋維生的生產海景。「里海」的精神強調人與海洋和諧共處，透過在當地工作和生活的人妥善地經營管理，以恢復漁業資源及生物多樣性，並達到永續利用。

近年來，國際間不僅著重靠淺山丘陵平原的鄉村地區，也重視鄰近海岸的農漁村聚落周圍環境、有河川溪流經過的聚落，於是也以「森川里海」、「里山、里地、里海」稱呼，因為人的長期活動會改變自然環境的樣貌，鑲嵌出一塊塊像馬賽克的斑塊，塑造出的地景或海景，正是所謂的「生活－生態－生產」「三生一體」的永續發展理念。

生活對應著「文化」，把生活在其中的人們，長年所累積的永續生活樣貌要可以傳承下去，甚至不斷結合創新想法和現代科技；生產對應的是「經濟」，人們可以在聚落裡安身立命；生態則是「自然」，讓生態系保持健康，讓其中的各種生物有好環境可以棲息，維護生物多樣性。

無論是「里山」、「里海」，都期許透過大家的合作與愛惜，讓其中的自然資源可以永續循環、土地與海岸得到恰當的整合管理，保存住多樣性的生態系及自然環境，打造出良好的森川里海環境，傳承給後代子孫，才能活絡聚落，永保生息。

請問

里山怎麼走？

「里山」核心宗旨止在於維持著「生活－生態－生產」「動態平衡」的永續發展理念。

2 里山地景 有哪些?

．
．
．
．
．
．
↓

人類參與互動的里山，
有農田耕地、次生林、溪流水圳，
間或蓋起農舍、住家、村落、池塘與山丘的
混合地景

依傍著闊葉木與箭竹的次生林緩坡、海拔 300
多公尺高的柳丁園，一片整理出來給自家人用
的露營地。往下走有一座 20 年的生態池。

生態池旁，穗花棋盤腳爆出串串煙火狀白花，
紫花與白花九芎站立在另一端，另一邊的池畔
吐出好幾芎的香蕉樹排排佇著，不規則的石頭
砌起池界，「要讓小動物冬天可以來喝水。」

這是沒想過「里山」與否的中寮和興村果農張
鴻濱所創造的里山地景，用以實踐與野生動物
共存的初衷。

人要參與才有的一種大地面貌

里山地景（Satoyama landscape），指的是環繞在農村聚落周邊的耕地、埤塘、林地和草原的混合地景。

經人類開墾過的原始森林已轉變成次生林，最常見的相思樹遍布這些次生林間，曾是在地居民燒柴、升火、煮飯、沐浴的主要資材。人們在山坡和平原間屯墾出農地，挖出灌溉用的水圳溝渠和池塘，間或蓋起農舍，住家、村落、耕地、池塘、溪流與山丘等混和地景，在居民的合理不巧取豪奪地運用，提供了糧食、水源與生活物資，並滋養在地文化，增加生物多樣性，這些不同用途的區塊像馬賽克地磚般一塊塊鑲嵌在淺山地區。

這種不純是自然，而是透過人類和生態系的長期交互作用，所發展出來的陸地景觀，分布在鄉間和都市四周，在山林占國土面積 60% 的臺灣相當普遍。

早期先人的移民逐水逐林而居，溯淡水之處落腳，有水還要有森林，砍伐木材蓋房子、做飯燒湯、取暖，森林裡的落葉和倒地的朽木都是農夫頤養水稻田的肥分。無論是貢寮、德文、中寮等地區都是有森林、有溪流，「里山地景」概念從混合的社區、森林到整個農業地景。

長期的人與自然互動，才長出里山地景

東華大學環境學院副教授李光中強調，「我們在談里山、里地、里海，最重要就是對『里』的理解，『里』是『鄰近』的意思，鄰近我的山、鄰近我的林園、鄰近我的海，靠近我的河川溪湖，就叫里山、里地、里海……。」

「同時，這個『里』也需要與在地居民有密切關係的，不是只靠我近，更重要的是我常跟它互動，這種互動方式就是資源的利用。」

李光中更指出，「我們要講究的是如何借鏡傳統生活的知識、技能、智慧，將以前人那種永續利用的精神再加上現代科技，用在今天展現出人與環境和諧共存的永續願景。」

也就是說，沒人使用的原始森林，或是沒有人捕魚、沒建碼頭的海岸、沒人利用的河川，這些只能算大自然的重要環境。相對於「里山」，其生物多樣性則倚靠人類利用來營造，因此森林適度的修剪、疏伐，讓陽光穿透林下，使植株健康，進而發展出健全的如養蜂、種段木香菇等林下經濟。

請問

里山怎麼走？

傳統不滅的蘭嶼無疑就是里海樣貌

捕撈飛魚的春季前,蘭嶼的男人先打理拼板船,需要修補強化的則上山砍伐木材;魚一上岸,男人在岸邊分妥眾家捕撈的飛魚,繼而當場切割飛魚生魚片。

不能下到岸邊的女人也沒閒著,準備水盆要清洗飛魚,此刻,漁村裡曬滿一竿一竿的飛魚。

同時,也是潮間帶的魚蝦蟹最豐盛的季節,部分倚賴觀光業維生的當地人則頭戴探照燈,引領著遊客在夜裡探尋礁石裡的生物。

這一幅由礁岩與石頭、海岸與漁船、居民與遊客共織的里海(Satoumi)地景與影像,呈現了生物多樣性的海岸生態系或海洋生態系,而且與人類密切互動,無形中也形塑出一定的生產力。

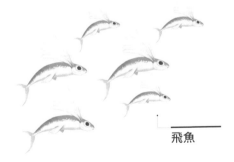

飛魚

3

為什麼
需要里山？

......
↓

經由保護和營造里山，
提高生物多樣性，改善在地生產和居民生活

靠近森林、海岸、河流生活的人們，很難不跟當地的自然環境與生態發生關係。

「里山」、「里海」提供給當地人許許多多的「生態系服務」，讓在地的居民透過生態智慧和技能，能靠山吃山，靠海吃海，不愁吃穿，可以讓一個地方的人們踏踏實實地生活，並且疼惜周遭的環境與生物。

里山是生物多樣性的庇護所

在里山里海地區可以經過人為的營造和管理，提高豐富的生物多樣性。

像新北市貢寮地區因為灌溉水重新進入休耕 20 年的水梯田，透過翻動泥土，攪和泥和水形成一道保水層，單單這些動作就讓多種親水與依靠水生存的生物們重現。

水中的甲殼類昆蟲龍蝨率先報到，多種水生昆蟲也尾隨現身，兩棲類的蛙類也跑來產卵。水中植物尤其積極，沉睡 20 年的鴨舌草像伸了一個大懶腰，綠葉好似密密麻麻的嫩綠水毯，趁機大肆開花結果；緊接著，圓葉節節菜、白花紫蘇、大穀精草等水生植物，都趕來軋一腳。形形色色的水生動物在這風生水起的好地方棲息，水蠆、罕見的螅也一一登場。

這一番人為的動作，促使了水生植物的爆炸性生長，透過光合作用轉換能量，給第二年春耕的水稻預備了養分。而在維持當地傳統的農耕法，即使稻米收割後，田裡還是四季都保持有水，等於是水生生物的庇護所。

穀精草

白花紫蘇

守護森川里海，就是為了共好

「里海」也可以透過人為的管理，為生物多樣性效力。貢寮山下的卯澳漁村，是名副其實的里海。

當地人常自我調侃「卯澳」，就是「卯死了」。以前的卯澳最興盛時將近兩百戶人家，小小漁港同時有三百多艘船行在海面上，因為卯澳灣海域有著無所不在的九孔、龍蝦、黑毛、紅毛、黑尾仔（竹筴魚）等價值不斐的魚蝦。

但是，部分漁民採取毒魚、電魚等不當捕撈行為且層出不窮，已經嚴重威脅到曾被稱為「小基隆」的卯澳灣生態。

意識到海洋資源枯竭的窘境，卯澳漁村村民展開自力救濟。率先推動護溪行動，避免污染三條野溪的水源，殃及海洋。

漁村漁民還主動與公部門合作，自發成立「巡守隊」。不過，漁民得先改變長時間的捕撈模式，自己身體力行護漁，並停止捕撈體型過小

螃蟹

龍蝦

請問

里山怎麼走？

且尚未繁殖後代，或是已懷孕的海洋生物。

當地人在多次會議溝通後，漁民們共識要規範漁網的使用，禁用三層網、流刺網等趕盡殺絕所有魚的捕具，而且只捕撈體型夠大的魚。

這些「自律」的作法，不著眼於眼前的收益，若能經過適當的維護，讓魚蝦蟹得到喘息而復育，不僅能穩定漁獲量，也能促進生物的多樣性，讓卯澳有別於其他漁村，間接帶來其他效益。

最終，是否真正符合里海的精神，仍得看這些策略能否發揮預期的功效——漁村經濟是否因此振興，以及魚類等資源能否達到復育效果。

若因為這些人為的「利魚利人」擾動，不只能挽救自然生態的多樣性，也能改善在地居民的生產與生活，而里山里海的價值就會因此彰顯出來。

竹筴魚

黑毛

生物多樣性公約與里山倡議

1992 年，地球高峰會於巴西里約熱內盧召開，在這亞馬遜河熱帶雨林所在的國家裡，與會各國共同簽署了《生物多樣性公約》（Convention on Biological Diversity, 簡稱 CBD），深具意義。這是一項具有國際法律約束力的條約，用來保護和持續發展各個締約國家的生物多樣性。

《生物多樣性公約》主要有三大目標：1、保育生物多樣性；2、永續使用生物多樣性資源；3、公平合理分享由利用遺傳多樣性所產生的智慧與公益。

這份公約特別定義了所謂的「永續使用」（sustainable use）。根據《CBD》的定義，「永續使用」是指人們使用生物多樣性的方式和速度，不會導致生物多樣性的長期衰退，以便得以持續滿足後代的需要。

《生物多樣性公約》的第 8 條規定要有效「就地保育」生物多樣性（in situ conservation），第 10 條則規定了要永續使用生物多樣性資源。里山倡議期許透過重建人類和自然的和諧關係，減緩生物多樣性消失的速度，使得人為影響下的自然環境中的生物多樣性被保留並且增進，以促進自然資源的永續使用。這正是《CBD》第 10 條所關注的項目。

請問

里山怎麼走？

在 2010 年，第 10 屆的《生物多樣性公約》締約方大會上檢討了《CBD》第 10 條的執行狀況，建議《CBD》執行秘書邀請各締約方、各國政府和相關組織，支援並促進生物多樣性的永續使用。「里山倡議」也是在這個背景下啟動。

而基於保護永續使用的生物多樣性資源，提出設立與管理保護區（包括自然生態保留區、國家公園、野生動物保護區、海洋保護區等），作為保育生物多樣性的重要工具，促使有效能地管理區內的生態系、物種和族群，這是屬於《CBD》第 8 條所關切的項目。

4 里山面臨
什麼危機嗎？

⋮
↓

過度開發、人口凋零，
讓里山里海逐漸荒蕪

里山環境清幽，生活看似美好，人類與自然環境融而為一的背後，處處充滿威脅。

過去 40 年，全球環境因過度開發，人類的足跡直接或間接造成生物多樣性減少了 60%，包括授粉的蜜蜂也列入銳減生物行列，正衝擊著人類的糧食安全。

臺灣本島與離島更不時聽聞道路開發，導致野生動物覓食路徑被攔腰斷為兩半，不時可聞野生動物遭到路殺的消息⋯⋯。

里山的成敗，關鍵都在於人

里山理念很好，但要面對的課題很多。例如，除了少數處在都市衛星地帶、人口數足夠的里山地區外，即使卯足勁推動「里山倡議」的日本，也面臨「第二次危機」了。

絕大多數適宜人居的里山，人口老化凋零，就業機會稀少，青壯年留不住，連在地居民也不再使用鄰近聚落的資源，寧願直接消費購買，像是以往砍樹作為薪柴能源，今日已被進口能源取代。另外，老中青少年的人口無法成健康發展，因缺乏青壯年勞動人口，導致生產動能不足、文化斷層，無法為里山里海地區注入新的活水泉源，以致逐漸邁向荒蕪。

農村人口高齡化，廢耕的農地日益增多，小區域多樣化種植的耕作模式也產生質變。林試所集水區經營組組長王相華指出，「過去山村的農地都是幾分地的小塊面積，現在不少農地因為沒人種，開始租給大量農耕生產的人，一旦被一筆筆承租或收購，整理成幾公頃地且整個種植單一化的時候，例如大片採取非友善種植的薑蒜等，這是比較令人憂心的。」

外來的人對土地感情淡薄，開發起來不太考量水土保持問題，也讓當地人心生疑懼，中寮果農張鴻濱每次看到外來人出動大型機具在落石滑坡處開墾，就想起 921 地震。

人們安居樂業，里山最主要的價值

里海的漁村凋落速度，甚至比里山農村更快速。

以卯澳和東澳等漁村來看，都希望以漁事體驗作為當地生態旅遊的重點。

提出「一日漁夫」體驗行程作為地方創生特色的福連里里長吳文益，希望將祖先留下的舢舨船作為創生工具，但創意想法與現行法令時有扦格，沒有船員執照的遊客，是無法踏上受漁業法管理的舢舨船的，「想想在陸地上要載遊客觀光，難道每個遊客都需要有駕照嗎？」

而對於地方人士急於開發旅遊觀光產業，屏東科技大學森林系教授陳美惠則有另一種憂慮。長期陪伴部落投入林下經濟，陳美惠不做觀光化的操作，「地方的觀光一定要建基在既有的產業上！」

「我的陪伴著重於將旅遊當成當地居民農忙與閒暇之餘，願意把聚落的東西分享出去，不希望他們變得儀式化或觀光化。」

陳美惠指出，「當居民採取友善環境耕作，把咖啡種得好，願意讓遊客們來看他們的咖啡園，進而帶解說讓人們體驗；也就是說，旅遊是用來替里山聚落加值，而不是本末倒置。如果都在搞觀光、只有觀光一定會空洞化。」

里山里海聚落如何彰顯自己的特色，不殺雞取卵式的找出差異化、獨特化的商品符號，必須要有完整長期的思維與計畫，並且考慮環境的負載能力，才能產生稀有性且附加價值更高的真正里山精神聚落。

請問

里山怎麼走？

極少人跡的山林

里山

里海

說明：臺灣東海岸是典型的里山里海地景和海景，包括居民生產、生活範圍所及的淺山丘陵、平地到海岸。在這裡隨著不同族群、文化和社會活動產生不同風貌。

5 守護里山
已成為國際共識

……………

↓

聯合國及各種國際組織，
紛紛借重「里山」原則，
倡導自然資源的永續使用

——

在 2010 年日本提出「里山倡議」之前，各種類似里山地景早已存在於世界各個角落，卻也面臨萎縮衰退。

或許全球各地都憬悟了生物多樣性的衰退，導致生態系服務停擺的威脅，於是在《生物多樣性公約》第 10 屆締約方大會會議期間，啟動了「里山倡議」。

里山各國都有，名詞不同但殊途同歸

在 2010 年 10 月聯合國生物多樣性公約締約國大會上，「里山倡議」得到各國支持之後，隨即「里山倡議國際夥伴關係網絡」（International Partnership for the Satoyama Initiative，簡稱 IPSI）也成立了。

IPSI 是透過會員分享個案研究、推動合作計畫、彙整各地區的經驗，並推動研究關於永續使用生物資源等，希望讓全球對人為影響下的自然環境能夠更開闊、更前瞻的視野。

截至 2019 年 9 月，IPSI 會員已達 258 位。單看各國參與「IPSI」的積極度，可以得知，守護里山儼然已經成為國際間的共識了。

從聯合國及各種國際組織，迄亞、歐、非、美各大洲的各國政府組織、地方政府組織、學術機構、教育機構、研究機構、原住民和社區組織以及私人組織等，紛紛借重「里山倡議」原則，透過傳統或創新的土地利用方式，倡導自然資源的永續使用，期邁向「人與自然和諧共生」的願景。

遍布世界的「社會―生態―生產地景和海景」（參見第 37 頁），並非只有「里山」一種說法，各國概念相近但卻有各自的名詞，但內涵大體相近。

以菲律賓呂宋島的伊富高省（Ifugao）為例，也有一種「木詠」（muyong，傳統森林的意思）資源管理系統。木詠是一種農業生產地景，其中包含小範圍的森林、刀耕火種的農地、梯田、居住區以及河床五大元素，交織成一個丘陵生產系統或集水區生產系統。

木詠的主要經濟來源就是梯田的水稻米，從森林川流瀉到溪流的灌溉系統維繫了水稻的種植，另外也交雜耕種一年生的作物，讓仰賴傳統農作的伊富高人透過疏伐、種植等管理森林資源，也確保森林的健康，並且豐富了生物多樣化。

里山

MORE

里山倡議國際夥伴關係網絡 IPSI

聯合國第 10 屆生物多樣性公約大會於 2010 年 10 月在日本愛知縣名古屋舉辦，由日本政府與聯合國大學高等研究所（UNU-IAS）聯手展開《里山倡議國際夥伴關係網絡（The International Partnership for the Satoyama Initiative，簡稱 IPSI）》，希望透過國際間的合作，建立對鄉村地區等半自然（semi-natural）環境的認同，發展人類與自然和諧共生的永續農村模式。

透過收集世界各地自然資源永續管理的案例，累積里山倡議的資料庫，並分析出這些案例的土地如何永續利用，在全球各自不同的地理環境中，建立農林漁牧等生產地景的永續經營管理策略及可操作指南，終極目標在於將里山倡議發展為具體行動計畫，推及全球各地，使永續不僅止於口號而已。

請問

里山怎麼走？

自然資源循環利用，也維護當地傳統文化

為了持續鼓勵民間團體或社區投入社會生態、生產地景、保全活用行動，每個國家都有不同行動。

林試所助理研究員范素瑋舉日本兵庫縣為例，這是座接近都市的郊區聚落，當地的里山次生林因為多年不再砍伐利用，四季林相色彩各異的變貌成了常綠森林，樹林下藤蔓、野草叢生。

「他們發現森林老態龍鍾，就開始砍伐樹，但砍伐後，又有（木材）如何利用的問題，於是就把這些櫟樹做成備長炭，創造一個新產業。」這是日本知名的里山林與生產的案例。

范素瑋說：「他們把砍樹（疏伐）當作志工活動，並成立北攝里山博物館以及里山大學，定期招收學員，教大家認識里山的生態系。同時，也讓有興趣調整生產方式為友善環境農法的農夫，可以來學習該如何施作，並且也像貢寮水梯田一樣，招收志工，共同參與。」

這些例子都說明，在生態系統的承載力和回復力的限度下，自然資源得以循環使用，也維護住當地傳統的文化，取得了在生產、改善經濟和保護生態系統等三者的平衡。

透過「里山倡議國際夥伴關係網絡」，世界各地的自然資源永續管理案例，得以收集與分析，建立系統性的資料庫，從中找出案例共通的關鍵原則，建立每個特定區域永續經營管理策略的規劃、執行與評估的操作指南，希望透過操作指南發展具體行動計劃，並擴展到全球的層次。

「里山倡議」是重建人類與自然共生關係行動方案

由日本環境廳與聯合國大學高等研究所（United Nations University Institute of Advanced Studies, UNU-IAS）聯手啟動的「里山倡議」，願景在於實現人類社會與自然和諧共生的理想，透過自然與人為的過程來維持且開發農林漁牧等生產活動，就是想塑造人類與自然的良好關係。

以往的保育觀念是摒除掉人類的活動，讓自然環境不被人們的生產和生活擾動；然而，當瀕危物種日益增多，人類所在區域與自然環境完全一切為二時，是否絕對有利於保育？「里山倡議」的提出，透過適度的規範，適時強化了人類與自然環境和生態的和諧共處概念，並透過各種執行方案，補強了自然環境遭到過度耗用，或是被荒棄的破口。

以臺灣的原住民部落來看，尊重土地，尊重大地所賜的所有物產，人與人之間要如何互相幫忙等這些規範在部落行之有年，也維持了人與自然的關係，像蘭嶼的達悟族蓋工作房（makarang，又稱高屋）、捕飛魚都有一定的禁忌規範與祝禱詞，這些規範保護了山林間樹木的生生不息，也保障了年年有飛魚可捕，這個規範平衡了生產、生活與生態的關係，正是「里山里海」的實踐。

透過像達悟族這種永續的自然資源使用和管理，以及生

物多樣性的妥善維持，人類在其中可以穩定地享受各種從自然中獲得的嘉惠。「里山倡議」不僅強調生產的經濟重要性，更主張從生產到消費的過程中，可以同時促進生態保育和社群互動。因此，里山也被稱為「社會—生態—生產地景」。

由於是日本提出上述倡議，遂採用日本傳統的「里山」（Satoyama）做為這些同時關照社會、環境，又兼顧生產地景的倡議名稱。「里山倡議」促成永續發展的社會經濟，其中包括了糧食安全、永續的生產生計、減少貧窮和授予在地社區權力。

一個願景
實現人類社會與自然和諧共生

三個方法
- 確保多樣性的生態系服務和價值
- 整合傳統知識和現代科技
- 謀求新形態的協同經營體系

五個關鍵行動方向

| 資源使用控制在環境承載量與環境恢復力的限度內 | 循環使用自然資源 | 認可在地傳統與文化的價值 | 促進各方利益關係人的參與合作，投入自然資源和生態系服務的永續和多功能管理 | 貢獻於在地社會與經濟 |

6 國土生態綠網

為臺灣棲息在淺山平原到海岸地區的
6成保育類物種張開一面安全網

從鄉村到上游的自然地區到都市，一直到海洋，從我們的林地串到水系、藍帶、綠帶，整個串起上下游，臺灣在推「里山倡議」之初，就有一個全面性的網絡，再搭建「國土生態綠網」，就不再只是少數人關注的事。

推動「國土生態綠網」方式很多元且因地制宜，例如透過友善生產及生態造林，串連縫補農田、魚塭、地層下陷區、海岸等珍貴物種棲地；改善並強化友善生態交通通道的建置；以綠帶整合縫補並連結山脈、河溪、平原、海岸間的棲地，形成生態廊道等⋯⋯。

縫補生態綠帶與川海藍帶

從「水梯田生態復育」開始，繼而推動「里山倡議」的 8 年後，2018 年，林務局提出縫補重要生態系的政策方向，藉由跨部會合作，推動建置國土生態保育綠色網絡，以占全臺陸域面積約 42.5% 的國有林為軸帶，期望逐步透由東西向河川藍帶與生態綠帶等廊道建置，連結山脈至海岸，編織「森川里海」國土生態安全網。

對於長期從事「里山倡議」與生態調查的工作者而言，是振奮人心的一個好消息。在花東地區進行生態調查多年的洄瀾風生態有限公司執行長吳昌鴻坦言，儘管環保意識促成了一些改變，「就生態來說，不一定來得及回應這些事。」像這幾年白鰻苗已經被列為臺灣的瀕臨絕種紅皮書名單，就是一個很指標性的危機。

工程、污染、外來種、過度捕撈等是整個系統性破壞，從事溪流生態調查的吳政澔指出，「解決一個沒有用，要四個一起作，你工程作好，裡面都是外來種；你外來種移除了，工程也作好了。這都要同步，彼此牽連的。」

把種種問題攤開來看，發現處理工程、污染問題已變成當務之急，2019 年 8 月的國土生態綠網研討會，林務局和水利署簽了備忘錄，讓河川溪流的藍帶與生態綠網彼此縫合。東華大學教授李光中認為：「如果國土綠網四年一期可以持續，『里山倡議』的發酵成果將會愈來愈彰顯。」

串連起標的物種保育及建構棲地網絡

「里山倡議」強調生態、生產與生活的三生平衡。然而迄今,在獲得有效保護的國有林事業區之外,臺灣仍有近6成的保育類野生動物種類所棲息的淺山丘陵、平原到海岸地區,因為人為的開發、擾動極其頻繁,讓許多里山物種,例如田鱉、石虎、草鴞、洄游魚蝦蟹等,因為棲地的日漸零碎化,面臨了食物短缺、親族隔離等危機,不利物種的生存繁衍,無法達成三生平衡的永續目標。

因此,跨部門網絡的核心工作,首先必須盤點並界定保育的核心物種與棲息活動熱點後,再推動生態熱點區域的縫補與串連工作。針對生態高風險地區提出對應策略,國土生態綠網計畫將全臺灣分為北部、東北部、西部淺山、西海岸、南部與恆春半島、東部縱谷及海岸生態綠網等區域,由林務局所轄各林區管理處組成區域平臺,依據各分區的特性,邀集各領域公私部門,串連起標的物種保育及棲地網絡。

透過國土生態綠網平臺討論,擬定短中長期計畫,先拋除己見,才有機會資源整合。吳昌鴻表示,「不再像以往就是一紙公文照會,現在坐下來談,資訊才能真正公開,並納入民眾的在地知識,例如水耕文化、生態等,這些人就住在這裡,他們觀察最敏銳,如果當地居民開始覺得自己的意見被重視,會慢慢導致一個比較好的結果。」

鄉村難道要追都市嗎？

參與推動里山相關工作多年，李光中指出，一開始，我們就是從整個國土的角度談「里山倡議」，「海島的臺灣從上游的山脈、河川發源地，正是所謂的自然地區。再從淺山、丘陵、平原一直蜿蜒入海，這些地景從自然地區慢慢過渡到有人類的聚落再到都市，『里山倡議』就特別談到鄉村所扮演的角色，要把鄉村地區的連結角色發揮出來。」

在經濟發展思維下，傍著都市邊緣開始設置國家公園、風景區、保護區，提供都市人遊憩空間，「導致鄉村被忽略邊緣化、城鄉發展不均衡，鄉村難道要追求都市化嗎？要爭相蓋高速公路、工廠嗎？只能說那就不是鄉村了。」

李光中認為：「鄉村定位一直不明，『里山倡議』就幫助我們思考，鄉村不需要像都市，也不要走像所謂的原野、荒野；鄉村就是一種人地緊密互動的，是一種半自然的地區，靠土地的資源與各種生計的活動，讓我們鄉村能夠世代傳承。」

根據世界銀行運輸與都市發展部研究預估，2030 年世界人口 72% 會住在都市，人類必須對城市與自然之間有一套全新思維與共存共生的哲學與履踐。而從「里山倡議」到「國土生態綠網」的橋接，或許可以為地狹人稠的我們找到一套新哲學與實踐之路。

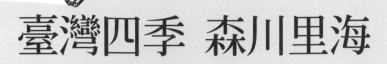

Chapter 2

臺灣四季 森川里海

有別於溫帶日本的四季分明，臺灣位處熱帶邊界，氣候溫暖潮濕，長年如夏，只有北部以及中高海拔山區才有比較明顯的四季變化。但是臺灣位處大陸與海洋交界，深受海洋氣候與季風影響，再加上地形複雜，地貌多變，也對應出臺灣的里山在東岸西岸、北中南部、甚至一座山的迎風面與背風面，會呈現不同的里山四季地景。

本章從不同區域的森川里海挑選出 7 個里山案例，可以一窺臺灣里山精采多樣的面貌。

OPEN
臺灣里山
①

請問

里山怎麼走？

這是我們常見的里山地景，有山川水稻、花草樹木，
並且也都將與你我產生或遠或近的共鳴。
但是，這個景象並不是大自然就自然生成的……

OPEN
臺灣里山
②

請問

里山怎麼走？

里山地景，是人與自然界的動植物共同在
生活、生態、生產下交會出來的動態。

需要他們，才能拼湊出完整的森川里海！

7

臺灣里山
地景面貌

......
↓

充滿人味的
淺山、丘陵、森林、溪流與海岸

有田有土的「里山」地景，指的是人在大自然
間開發與生活所形成的樣貌。

在地狹人稠多山的臺灣島嶼群，因為海拔地形
的差異，呈現出各種不同的里山地景。

請問

里山怎麼走？

溪流

加塱溪流域完美演繹森川里海

串連了森林與海岸，加塱溪流域被稱為具有「森川里海」完整里山地景的溪流系統。

加塱溪從太巴塱發源，穿過阿美族人的復興部落，以迄下游噶瑪蘭族所在的新社，即匯入前方浩瀚的太平洋，後方有連綿的海岸山脈，愈接近海域地形趨緩，逐漸成為階梯般的海梯型，下降臨海處有一座突出的「半島」。

這裡是東海岸第一個出現的沖積扇形狀的海階平臺，半島上除了一階階噶瑪蘭人所種的海梯田之外，不見任何人造建物，農田隔著臺 11 線往海岸山脈走上去，才見噶瑪蘭族、阿美族和撒奇萊雅族三個族群居住的集村。

這裡由發源於海岸山脈的河流夾帶著山區森林裡的沉積物，經年累月地搬運、堆積，形成沖積扇平原，現在為噶瑪蘭人的海梯田，四季地景隨著作物的種植呈現出全然不同的景緻；中游復興部落復耕的水梯田則沿山坡度拓墾出一塊塊平地，引溪水澆灌，遠眺有段距離的藍色無際大海。

多年來，由林務局於臺 11 線沿線的石梯坪與新社地區，舉辦森川里海濕地藝術季，留下多件大地地景藝術，也是這區域裡最吸睛的里山副產品。

淺山森林
魯凱文化下林木間低度耕作的山林邊緣

座落在海拔 800 至 1,200 公尺德文社區，是三地門鄉內最高的社區，也是大姆姆山與大武山交接峽谷的最高點。德文的魯凱語為「Tikuvulu」，意思是「不毛之地」，早年祖先放火燒山狩獵，並當場炊熟部分獵物就地食用，因此山頭的林木常被燒成童山濯濯狀。這種狩獵手法幾近不用了，山林恢復茂密，放眼是各種層次深深淺淺的綠，當地的里山地景屬於淺山與森林交界。

而德文社區除了幾戶人家的聚落，以及森林外沿的開墾之餘，幾乎不見過度人工鑿斧的開發痕跡，林班地仍相當完整保留，生態資源也相當豐富。

自日治時期 1884 年，日本人即在此開始種植咖啡，而德文的咖啡樹不是低密度的小量栽培，就是宛若行道樹般與淺山的林木共存。行走林道間或有竄得極高的馬拉巴栗樹，這都是過去外來人央求部落種植，準備採購的樹種，也成為德文淺山間的植物。

春寒料峭時節，德文滿山梅花、櫻花、李花、桃花依序盛開，而林下經濟以及部落原住民日用的野菜間雜小量種植，為依山而建的部落增添迷人風貌，讓日本的里山研究學者讚嘆這裡根本就是里山。

桃樹

請問

里山怎麼走？

水梯田
多雨濕潤山坡上生機盎然的水稻田

靠近森林淺山地帶的貢寮水梯田,在過去的農業社會時代,移民到當地的先輩發現此地土質黏性高,遂順應地形,小型溪流提供充沛的灌溉與生活用水水源,遂在山間安居下來,並低度開發出水田田畦,形成一階一階的梯田。有些緩坡還看得曾有過到梯田,聚落也分布不那麼集中,石頭屋砌成的家屋鑲嵌在相對平坦之處。

每年東北季風拂來時,迎風的山頭只見適合在這種天候地形的低矮灌木叢生。長年多雨滋潤了避風的山谷,樹木蒼翠,林相層次從深綠的闊葉林到淺綠的竹林,居民取材於森林製作生活農用具;而淺山的竹子被用以編製像魚簍等工具,一度是當地人補貼家用的關鍵副業。

貢寮先輩沿著海拔 100 公尺、5% 以上的坡度,逐漸沿山往上開墾出田埂 10 到 30 公分的梯田,以便有效蓄水,水分也能下滲,涵養地下水。田埂可以阻擋水流,具有防洪作用;但這種地形必須要長年注水,才不至於乾裂,導致田埂崩塌。

終年蓄水的人為作用,代代積累成一片片與森林交界的淡水濕地,種水稻也種筊白筍,水田裡的魚類、甲殼類的毛蟹與溪蝦,還有鱸鰻、蛙類、田螺都成為當地居民補充蛋白質的來源。而開發程度有限,讓這多雨的山頭,蔚為許多水生動植物、昆蟲、哺乳類動物喜歡居住的環境。

蛙

歡迎來中寮，造訪開心森林果園

921 地震後力圖站起來，居民多以種果樹維生的南投中寮鄉，次生林間往下參雜著果園，可說屬於森林與農作交錯鑲嵌的里山樣貌。

海拔約 200 公尺到 1,264 公尺間，單是山坡地就占了 97.8%，因而有「平地的山地鄉」之稱。東邊有一脈高度逾 1,000 公尺，如屏障般矗立的連綿山脈，峭壁斷崖；而北、東、南三面地勢高，境內有漳平溪和平林溪兩條溪流，因地質屬於較為鬆散的砂頁岩互層及厚層粉砂岩為主，山坡地又占絕大部分，並不適合種植水稻。

優點是日照充足，日夜溫差大，非常適合種出甜分足且水分夠的水果，尤其是龍眼和香蕉等曾是搶手的外銷日本水果，一度讓中寮成為南投富鄉。

但因主要作物為香蕉與檳榔等經濟作物，這兩種淺根性作物，完全不具水土保持功能，加上缺乏其他天然植被，農夫們運用大型機具除草、翻土等，都會讓地表的水往下滲，讓經歷過 921 地震、世居當地的果農特別謹慎。

經過 20 年重整，中寮仍以柳丁、柑橘、文旦、龍眼與香蕉、芭蕉等果樹種植為主。農夫注重排水與生態並進，不再過度單一化耕種，間雜種植不同果樹，也讓不同季節的採收有著橙黃蕉黃等纍纍結實的人文風貌。

柳丁樹

請問

里山怎麼走？

菱角與水雉共生的官田生態濕樂園

在嘉南平原廣邈範圍內的臺南官田區，雖然是屬於農田濕地生態系，卻由於水稻與菱角的輪作，地貌迥異於北臺灣，也成為不同生物的棲息地。

說起臺灣菱角產業，官田是重鎮，水雉所依賴的菱角與水體所構成的濕地，讓水雉、彩鷸這兩種臺灣珍貴稀有的二級保育類鳥類特別愛棲息此地。

在這大片原本是臺糖甘蔗田，以復育水雉為前提，轉變成濕地，裡面發現了傍水而生的蛙等兩棲類，還有昆蟲與水鳥等依水生存的動物也棲息於此。

春天種下菱角幼苗，經過 90 到 120 天成熟菱角葉鋪排滿水田時，浮出水面的菱角葉片，還有水裡長出的蔓莖與根系，小生物悠游其間，也提供水雉等水鳥充分的食物來源。

官田最為人所稱道的是，這裡不僅是水雉的棲所，更讓人了解水雉的求偶、交尾、產卵、孵蛋是如何仰賴菱角田進行，形成水雉與菱角田交織的動人地景。

菱角

魚蝦貝藻生養棲息的岩礁海岸

貢寮區的卯澳漁村則是里海的社會生態地景。

卯澳坐落於三貂角西側,左右各有萊萊山、漢茗蘭山,兩座山峰拱成兔耳型,灣澳渾然天成,據說從高處俯瞰卯澳灣澳,形狀就是個「卯」字,因此得名「卯澳」。境內三條野溪從村落匯入海,因為有淡水,約 1765 年,吸引漢人進入三貂社地(今貢寮區)拓墾,連定居基隆的漢人也走三貂古道落腳貢寮,小聚落漸漸形成。

既然是里海,必然靠海維生,百餘年來,居民大都靠養殖九孔鮑魚或捕魚維生,也闢建了小型漁船碼頭,迄今海岸邊還可看見養殖槽。

卯澳漁村先民本以漁業為主,以農業為輔。昔日臺 2 線沿路兩側都是水稻田,並且以水牛來犁田,但卯澳的水稻田過窄且高低落差大,甚至有些梯田寬度種個兩攤秧苗就滿。今日,沿著卯澳三條溪途中可見水田痕跡,山腰間有一座三角埤,也是往昔灌溉所需。另外,先民也在田間蓋一座土地公廟,祈求庇佑人與土地。

現在水稻田已盡,往漁業和觀光漁業發展,水清見底的卯澳灣,被潛水界喻為臺灣的浮潛天堂,然而卯澳的地景改變不大,至今仍像座毫無觀光氣息的傳統小漁村。

| 軟絲 | 剝皮魚 | 白毛 |

請問

里山怎麼走?

濕地
桑田滄海再蛻變成水鳥蝦貝的濕地天堂

「桑田變滄海」，完全可以描述位於雲林口湖鄉成龍濕地的境遇。

原本靠農耕維生的成龍，有著先天的劣勢，地處雲林西南沿海，位置在灌溉渠道的最尾端，取得農耕或養殖用的淡水不易，農家與養殖戶長期抽取地下水，1986 年在颱風來襲時，海水倒灌，成龍田地與魚塭經大自然這一反撲後積水不退，讓居民無法再仰賴耕漁營生，土地也陷入鹽化困境。

奇妙的是，這一大片被當地人戲稱為「泡水的土地」，翻身成為魚蝦貝類與底棲動物的濕地天堂，等於是鳥類的糧倉，吸引了一批接一批候鳥群的駐足。

林務局決定以為期 10 年的「生態休耕」名義，透過租用土地方式補助田地被淹沒受損的居民，促使成龍的生態持續演替、自然發展，並在人為適度的照管下，重啟蝦與文蛤的養殖，同時，也透過觀樹教育基金會策劃濕地藝術節與環境教育等，多管齊下，履踐「里海」概念。

如今，這片成龍濕地已被列為國家重要濕地之一。

文蛤

黑面琵鷺

8

臺灣里山里海
的一年

7 處森川里海見識
人與自然共生之美

請問

里山怎麼走?

從山到海，
完美演繹森川里海

──國際里山倡議組織都驚艷的里山里海

打開「里山倡議國際夥伴關係」（The International Partnership for the Satoyama Initiative, 簡稱 IPSI）的官網，由兩張空拍影片開展首頁，星點船隻行駛於湛藍太平洋上，海稻田綠茸茸且櫛比鱗次鋪排開來，間或有幾塊休耕的黃土農地、灌溉水塘，海與半島交界處由深碧、柳綠色等各種層次的矮灌木欉區隔開來，噶瑪蘭族農夫信守他們祖先的叮囑——半島上絕不蓋任何一幢房子，只種水稻，維持半島完整的農田樣貌。另一張則是上游森林發源地、綠樹環繞的復興部落復耕後的水稻田。

這是臺灣非常驕傲的森川里海——位於花蓮縣豐濱鄉的新社半島，東華大學環境學院副教授李光中相當振奮地說，「最主要呈現一個森川里海，里山連結到里海，還有這些人的努力。」IPSI 主動向臺灣的里山倡議工作者索取影片刊登在官網首頁，IPSI 說，「這種動態呈現里山里海，讓他們的網頁都活起來。」

這是由加塱溪、普魯旦溪、力比旦溪串起的森川里海，最主要的加塱溪源於太巴塱山參天的樹木土石之間，川流過林野兩側山谷，自上游的阿美族人復興部落迤邐到山下的新社以及花蓮許多鄉鎮，孕育了數不勝數的溪蝦、螃蟹，以及豐饒的生態。

加塱溪是森川里海最佳寫照，共生共榮

「Kalong」（加塱）的阿美族語是「共享」之意，從山到海，被加塱溪這條紐帶串連起來，也連結起兩個不同族群的聚落，上下游居民的飲用水與生活用水，以及農田灌溉，都倚賴這條水質清澈的溪流。

上游復興部落長期保持著不輕易開發的生活態度，留住加塱溪的原始樣貌，誠如參與當地溪流物種調查的吳政澔所言：「最特別是獨流入海的溪流，而森林相一直到河口都非常完整。單是做這條溪流的生態觀察就看不完。」

洄瀾風生態有限公司記錄到很多橫向工程構造物，阻斷了生物從大海洄游溯溪到上游的路徑，以致於當地的魚愈來愈少，螃蟹也是爬上去又掉下來，唯有帶著步足的蝦子可以往上爬，溪裡的淡水蝦和洄游性蝦子因此生機蓬勃。

吳昌鴻指出，「當初為了減緩溪水沖刷，施做工程以強化攔沙壩作用，共計施做 180 幾支的橫向構造物，時間一久，逐漸沒有作用，但螃蟹和東部特有的臺灣絨螯蟹卻幾乎快沒了。」

中游所在的復興部落，洄瀾風打算改造一支橫向構造物旁的水溝，把水量集中，讓蝦子洄游進入社區，吳昌鴻說：「這裡會變成當地居民很好的解說教室。」

請問

里山怎麼走？

從大尺度來看對里川的威脅，工程破壞棲息地是結構性的破壞，污染是擴散到整個水域，外來種則是隨時隨地掠食，影響其次的是毒魚、電魚與濫捕，因為只有人在才會電魚。吳政澔認為，「但是這四大環節只要有一個沒做好，就會土崩瓦解，所以要做就得四個都做，缺一不可。保育是多管齊下的，觀念的推廣很不容易。」

李光中說：「回到里山、里地、里海，不僅止於關心農村的部分，而是關心農村的整體，就是所謂的上下游、地景、海景等整體，復興與新社就是森川里海的好例子。」

加塱溪流域森川里海圖

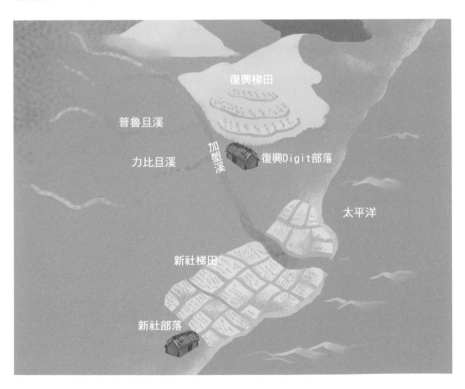

引領大平臺建構，邀居民當家做主

無論是里山里海，實踐的主角都是當地居民。唯有在地居民的共識，才能扭轉威脅，但居民彼此的共識有時候卻需要外力的居中調節。

「新社當地的同一個集水區裡，上下有兩個不同族的部落，族群生活習慣不一樣，也曾因為資源分配問題發生過衝突。」李光中解釋過去的歷史糾結，甚至後來政府部門在不同時間片面地接觸他們，導致不論是社區林業、生態旅遊、資源調查、文化解說人才培訓、農村景觀改造、輔導朝向有機種植等，都是各做各的。

這裡就是森川里海，應該要視為一個整體。東華大學邀請兩個部落的居民代表與花蓮林管處、花蓮農改場、水保局花蓮分局等共起建構一個平臺，2016 年起，輪流在兩個部落開會，三個政府單位再加上東華大學，輪流當召集人，六個成員搭建起森川里海生態農業產物的核心平臺，並不定期納入其他相關部門、組織等。

「起初，幾乎是每個月輪流在部落開會，而平臺的運作主要借鏡里山倡議的五個面向（參見第 37 頁），也訂出短、中、長程行動計畫，從 2017 年中開始上軌道運作。」李光中還說，現在約兩個月開一次核心成員的小平臺會，半年開一次大平臺會議，逐步把所謂的森川里海、居民想要解決的問題，公部門想要推動的一一落實執行。

| 苦蕎 | | 韃靼種蕎麥之子粒具苦味，因此稱為苦蕎，是部落目前主要栽培的蕎麥品種。而蕎麥全株均可食用，且營養價值高，被視為部落開發二級加工及三級休閒產業的經濟作物。 |

加塱溪三生力

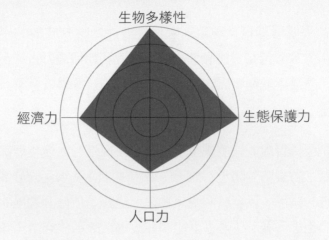

生物多樣性

生態保護力

經濟力

人口力

指標：（為以下條件綜合判斷）
- 生物多樣性：包含物種數量、珍稀物種出沒等條件。
- 生態保護力：包含棲地保存狀態、社區生態意識等條件。
- 人口力：包含社區人口數、年齡分布、社會結構等條件。
- 經濟力：包含生產與加工品產值、收益與期待之差距等條件。

生存在臨海洄游性生態的嬌客

加塱溪的「網球蝦」學名為「刺足仿匙蝦」。
前肢演化變成扇狀的濾食肢，會在水流湍急處
張開濾食浮游生物、有機質或藻類。

加塱溪的長臂蝦，有著一對明顯的大螯，體型
較大。主要出現在流水湍急之石底河川中、上
游水域，抱卵的雌蝦在河中釋出蝦苗，蝦苗會
隨河川漂流到海中，直到長成幼蝦再溯溪回到
河川中成長。

網球蝦	
長臂蝦	

萬眾期待！珊瑚礁綠保認證米

調查新社海底珊瑚白化現象，堪稱是一件非常有成效的平臺合作。2019 年，大家覺得最具挑戰性的共有資源該如何經營，成員們開始討論面對，並從溪流開始調查，發現了蝦類的資源異常豐富，可是魚類幾乎都沒了。

林務局花蓮林管處委託洄瀾風生態有限公司進行溪流生態調查，歸納出過去為了防災防洪防土石流，區域內建了許多水泥攔砂壩，中斷了魚類洄游的路徑，以至於洄游魚類幾近絕跡，依循洄瀾風的建議，平臺成員們也思考著：「是否可能做些改善，讓那些洄游魚類可以再回來？」

首要之務，就是要改善天然溪流的基地，連結到各個水圳、農田，恢復生物棲地；2018 年花蓮農改場著手勸農夫改善陸域所可能產生的種種污染，包括產生氮、磷等肥料不宜過度使用，以免排到海洋不利於珊瑚礁生態；2019 年更具體地營造一些廢耕的水田，或是在濕地種植吸收氮、磷物質的作物。

李光中說，「排出來的地下水不污染地表與海洋，珊瑚礁生態即可獲得改善，也會豐富漁業資源。一旦能監測到珊瑚礁生態有所改善，或許當地日後生產的米就可以採取珊瑚礁當做標章，這有別於其他以島嶼上的動物為綠保標章，將是一個創舉！」

請問

里山怎麼走？

臺灣東岸溪流勝！生態多樣又生命力強

臺灣東海岸地質相對年輕，從高山發源的東部河川尤其短而湍急，地景豐富，環境多元，而像加塱溪坡度落差大，在裡面的生物非得適者生存，以因應環境演化。

例如，部分洄游性魚蝦或貝類，演化成帶著很強的吸盤、發達的腹足，幼時生活在海裡，因為洋流帶來不虞匱乏的食物，長大後上溯回河川，與洋流食物鏈牽在一起，讓整個東部或沿海成了非常豐富的漁場。

迥異於臺灣西部河口有紅樹林、很多螃蟹、魚貝類的生態；東部則是靠洄游力量把生物從海上帶到河口，大自然巧妙地安排，正是臺灣島最神奇的部分。

「東部的溪流，一條不到 100 公尺的河口，就可以記錄到 20～30 種生物，但若是到亞洲或西海岸或北臺灣的小溪流，一樣的面積，所記錄的生物可能不到 1/3，蝦子可能只有 5、6 種，這裡卻有 20 幾種。」吳政澔根據長期調查歸納指出。

洄游性生物，對整個東部的地理環境與海岸非常重要，可以看到牠幾乎是無時無刻地都在海岸漂動，唯有成功掌握住機會的洄游生物才能進得了河川，其餘進不了河川的生物則成了海洋食物鏈裡最基礎的環節。

加塱溪

復興部落的梯田就位在
普魯旦溪、力比旦溪匯
流進加塱溪的交會處。
溪水為山上的復興部落
與海邊的新社部落孕育
豐饒生態。

白鼻心

食蟹獴、麝香貓、
白鼻心在春季會於
夜間出沒田間，找
尋螺類大快朵頤。

麝香貓

溪蝦

食蟹獴

請問

里山怎麼走？

苦蕎

是部落目前主
要栽培的蕎麥
品種。

飛魚

每年當飛魚躍泳到
新社沿岸時，就是
噶瑪蘭族大事，一
年一度的海祭。

水稻

復興的農夫春
天插秧前，會
動手翻土，並
且先祭拜祖靈
與土地神靈。

澤蛙、腹斑蛙

春天稻田注水
後，就開始可以
發現澤蛙、腹斑
蛙、斯文豪氏赤
蛙、拉都希氏赤
蛙的蹤跡。

田裡忙插秧、海裡抓飛魚，
友善樂天且收穫共享！

復興部落的水梯田曾休耕 20 年，於 2016 年由水保局號召當地資深農夫們，重修水圳，次年以手插秧讓「半山腰的水稻田」再現。

春天插秧，注好水後，就成了兩棲類的樂園，像澤蛙、腹斑蛙、斯文豪氏赤蛙、拉都希氏赤蛙等現身水田間，農夫多半喜歡蛙類，但得趕緊抓掉喜歡吃稻子的螻蛄。

種稻前得先祭拜祖靈與土地的靈，才能開始動作。一整捲的綠秧苗，先拆解放進秧床上，彎腰伸手一撮撮插下。

新社的「八個傻瓜有機農作區」經過花蓮區農業改良場（簡稱花改場）的評估與建議，選擇台梗 2 號，也種苦蕎與黑豆等雜糧。並引進臺灣第一個的田埂植被作法，在田埂上種植各種原生的草毯花，營造多樣生物棲息地，讓水稻田蟲害的天敵進駐。

到了 4 月間，稻子逐漸長成像一片片綠色絲絨，友善種植的農夫們原本擔心雜草會分掉土裡的養分，結果卻是幾乎被嗜吃嫩秧的福壽螺打

| 海祭 |  | 春夏季節時令，花東海岸噶瑪蘭族會選擇一到數天的時間，在靠近部落的海灘上舉行祭拜祖靈及掌管海洋的神靈等儀式。在新社稱為 Sasbo 約在 3、4 月飛魚潮來臨之際舉行。（資料來源：臺灣原住民族資訊資源網） |

請問

里山怎麼走？

敗了。田間一個個洞都是福壽螺吃過的殘跡、田壁和田埂上也都有成塊粉紅色的福壽螺卵，儘管灑苦茶粕或許能抑制福壽螺繁殖，但選擇友善種植的新社青農——八個傻瓜擔心影響到蚯蚓等，只好每天巡田抗螺，畢竟雙手萬能。

幸好還有親水的哺乳類動物——食蟹獴、麝香貓、白鼻心，也不時於夜間出沒田間，找尋螺類大快朵頤。

而噶瑪蘭人一移民到新社，即開始過著農漁獵的生活，當飛魚躍泳到新社沿岸時，就是一年一度的海祭。約莫 3 月，不分大小男女老幼幾乎全村的噶瑪蘭人動員出席太平洋岸邊，芭蕉葉上供俸著檳榔、酒與肉串等祭品。

男人由頭目和長老帶領著向海龍王祈求豐收及行船風平浪靜，有漁獲一定海龍王先享用，並吟唱著噶瑪蘭族的《捕魚歌》，成年男子眾志成城將舢舨船推入海中。未成年的男女生則身著噶瑪蘭的黑色鑲白邊的傳統服飾，潔淨海岸，減少障礙物。

漁獲通常於晚間 11 點左右入港，全新社青、壯年男女不眠早已守候等船上岸，一起動手撿飛魚。噶瑪蘭人是共享文化，飛魚收穫平均分配，幫忙者皆可分得飛魚回家。飛魚獲分攤就緒後，男人們開始切飛魚生魚柳，沾著部落人愛吃的生嗆辣椒汁，佐保力達 P，飛魚趴嗨個大半夜。

臺灣絨螯蟹

又稱青毛蟹，臺灣特有種。以往在東海岸很多，但隨著棲地環境變化，數量銳減。

臺灣絨螯蟹是降海型洄游生物，喜歡在多元的溪流環境中棲息，加塱溪記錄到臺灣絨螯蟹，顯示當地有完整的溪流生態系。

溪蝦、溪魚

加塱溪記錄到高達 30 多種洄游性生物，其中在春、夏季節的調查中發現極為罕見的兔頭瓢鰭鰕虎。兔頭瓢鰭鰕虎的雄魚在繁殖季節會呈現明亮的湛藍色。

請問

里山怎麼走？

澤蛙、褐樹蛙、腹斑蛙

夏季氏蛙類繁殖季節，小雨蛙跳、太田樹蛙、澤蛙、腹斑蛙、褐樹蛙、黑眶蟾蜍、虎皮蛙、貢德氏樹蛙等會在溪間水田此起彼落。

水稻

6、7月間復興新社的友善耕作的稻穗轉為金黃，吸引許多動物出沒田間。

山豬

6 月 底、7 月初新社稻穗轉金黃，山豬常在夜間闖進稻田偷吃。

麝香貓

最佳的田間教室！蛙鳴聲、孩童嘻笑聲交織成美麗樂章

6月底、7月初的新社稻穗轉金黃，識貨的山豬在夜間常常闖進稻田先嚐為快，對這些盜稻者，友善種植的農夫只能晚上和清晨放鞭炮嚇嚇他們，但成效有限。

暑熱期間也是蛙類繁殖季節，溪流溪澗水田裡小雨蛙跳出來，太田樹蛙、澤蛙、腹斑蛙、褐樹蛙、黑眶蟾蜍、虎皮蛙、貢德氏樹蛙等，叫聲此起彼落，但人一靠近反倒禁聲不吭氣。讓夜間手工割稻的農夫，一不小心摸到濕冷的蛙類，人嚇到尖叫，蛙則立刻奔竄。

「八個傻瓜有機農作區」勘稱全臺首例以稻田天敵棲地營造試驗的稻田區，非常適合開放給新社國小學生們做田間教室，因此從種植開始起，舉凡插秧、除草、施肥、徒手撿福壽螺等過程，小學生都有機會參與其中。

「八個傻瓜有機農作區」經營者的第二代也不能免俗，收割完還得幫父母綑綁稻米，進行倒吊日曬過程。

洄游性生物		林務局花蓮林管處與洄瀾風生態有限公司在加塱溪調查到 32 種洄游性生物。這些溪中成熟的魚蝦蟹會在繁殖季節產卵，魚苗或蝦蟹的幼體流入海中，經過變態發育為幼魚或幼蝦幼蟹。

請問

里山怎麼走？

MORE　洄游性生物是生態鏈重要指標

加塱溪裡，活蹦亂跳的生態令人讚嘆，「海浪打到水深 5 公分不到的小潮池，我用手電筒一照，哇！好幾千隻蝦苗，而且都是溪流裡的蝦苗。」負責調查並紀錄當地生態物種的洄瀾風生態有限公司研究員在酷熱的夏天，也觀察到潮池裡游著雀鯛，牠們除了吃藻類外，也吃洄游性的蝦苗，成為一個連動的食物鏈。

這些生生不息的循環缺一不可，否則必定失衡！若是河川或海洋的浮游性生物巨幅減少，可能影響到其他生物，甚至因為天敵的銳減，滋長了其他物種。

東臺灣的火山岩所含的微量元素很適合甲殼類動物的生長，不斷溶出鈣質類的微量元素，有利於甲殼類生物脫殼，加塱溪裡有的是海岸山脈典型岩石，也是大和米蝦最喜歡的原始溪流，「這些蝦的產地，是一個棲息地，同時是串連環境與商業的好教材，也正是『里川』的概念。」吳政澔說明，這些洄游蝦就像是以前的蟋蟀，似乎與人們的生活沒有直接相關，但蟋蟀卻是現在國際養魚蝦與爬蟲類很重要的餌料，和底層的清道夫。

無論是農業、漁業、森林、溪流的資源，以及鳥類、哺乳類如食蟹獴也會依賴這些洄游生物，牠們看似渺小卻是系統性的主要角色。

然而，加塱溪這條溪沿岸並不一直都如此美好，幾十年來，在以往的積極發展硬體資源到原住民部落的政策下，也免不了經過各種系統性的破壞，從大尺度的工程施工破壞棲息地、水體污染、外來種到電毒魚與過度捕撈等，都曾經在各個階段以人為本的前提下，嚴重戕殘當地多樣性的生態與物種。

網球蝦

網球蝦生存在臨海洄游性生態
豐富的溪流中，為了適應水流
快速的環境，第一、二對螯足
演化變成半圓形扇網組合而可
以撈捕溪流裡的小生物。

大和米蝦

從冬季就逐漸成熟，在春
初開始進入繁殖期。蝦苗
降海變態發育會在洄游回
到加塱溪。

溪蝦　　**長臂蝦**

請問

里山怎麼走？

斯文豪氏赤蛙、拉都希氏赤蛙

進入秋冬，多數蛙類隱匿不見蹤影，濕地環境還有斯文豪氏赤蛙、拉都希氏赤蛙、莫氏樹蛙駐足。

碧眼樹蛙

加塱溪中上游的秋冬季節，是碧眼樹蛙、盤古蟾蜍等喜歡濕寒天候的兩棲類天下。

水稻

秋冬稻田進入休息生養，此時田間各種水生草類茂盛的生長。

小蝦米立大功！
大和米蝦、網球蝦是野生經濟物種

收穫季一過，慢慢轉涼的同時，秋冬的兩棲類如斯文豪氏赤蛙、拉都希氏赤蛙、莫氏樹蛙停駐在潮濕帶，溫度再下降時，復興部落所在的中上游就是碧眼樹蛙、盤古蟾蜍等喜歡濕寒的兩棲類天下。

這時，低頭觀察水流清澈的加塱溪，就看得到大和米蝦、長臂蝦、網球蝦等珍貴的甲殼類動物，特別是大和米蝦的生氣暢旺，成熟母蝦可抱4,000多顆卵，繁殖力超強。大和米蝦是全臺灣上溯能力最強的蝦子，小小一片棲地就找得到牠，森林落葉掉到水裡就靠各種蝦子吃掉。

往上溯的路邊一窪水坑，低頭仔細看就有幾百隻大和米蝦，牠們遍布在全東海岸，但至今人工繁殖昂貴，因此也是外國水族業者唯一必須在臺灣和日本採購的水族生物，算是臺灣最值得重視的野生經濟物種。

還有一種很特別的網球蝦，牠的螯退化成網子，平常像水彩筆一樣挺直站立，縮起來，水來了就打開，四肢塞滿灰塵，好像抱著網球似的，色彩瑰麗像紅蜻蜓般的紅，吳政澔說，「這在德國一隻售價極高，所以我說這裡擁有很多寶，不管是演化或特殊的寶。」正因為是寶，這些年，生態界有識之士再三呼籲絕不可以看到經濟價值就任意撈捕。

碧眼
樹蛙

2016年才由臺北市立大學、中興大學與特生中心共同組成的研究團隊發表，是接近艾氏樹蛙的臺灣特有種生物，碧眼樹蛙則因眼睛虹膜呈現碧綠色而得名，從淺綠到帶金屬感的亮綠色。分布於東部地區，中央山脈東南側與海岸山脈南段的中、低海拔森林。

請問

里山怎麼走？

加塱溪怎麼去？——新社╳復興部落

●大眾交通系統

搭臺鐵花東線至花蓮站下車

1) 海線—花蓮車站上車，搭 1127 花蓮客運，經臺 11 線、東海岸、海洋公園，於新社或新社國小站下車。

2) 搭 1140 或搭 1127 花蓮客運，經臺 11 線、東海岸、海洋公園，於新社或新社國小站下車。

●自行開車

1) 北往南→臺北（國道 5 往南）→宜蘭蘇澳（臺 9 線往南）→花蓮（臺 11 線往南）→新社國小。

2) 南往北→高雄（臺 1 線往南轉臺 9 線）→台東（臺 11 線往北）→新社國小。

備註：前往里山里海社區，若要留宿，請務必先確認是否有民宿／旅館，當地資源較有限，景點管理狀態請勿以都市消費心態看待，尊重當地人為首要原則。

大和
米蝦

大和米蝦遍布在全東海岸，是全臺灣最會溯溪的蝦子之一。雌蝦釋放蝦苗到海中，蝦苗會在海中長成幼蝦再溯溪回到溪流中成長。

結實纍纍的
開心果園

—臺版淺山森林的「生態、生產、生活」和諧樣貌

中寮鄉，是南投縣離中部大都會最近的鄉，但也是最常被遺忘的地區。921 地震之後，在位移過的殘破土地上，重建與放棄的兩股拉力，走過 20 年，仍持續拉鋸著；有人離開，有人堅守，有人返鄉，但也有人遷入。

在以闊葉樹、竹林為主的次生林間，鑲嵌著中寮三寶──香蕉、龍眼、柳丁為主的果園，參雜著少量的波羅蜜、火龍果、百香果、芭樂以及嘉寶果，偶見養蛋雞的小型雞場，以及養蜂場塑模出一個淺山森林的農林社會生活樣態。

海拔約 400 公尺的中寮鄉多為丘陵地形，小山丘分布四處，境內有樟平溪及平林溪兩條水系穿流區隔地形，使得整個鄉依山勢分南中寮、北中寮。順著投 22 縣鄉道進入北中寮，有著數十棵百年肖楠巨木群，與龍鳳瀑布只距離 2 公里，仍保留相當原始的自然生態，最大的巨木直徑更達 1 公尺餘，已納入林務局管理的自然生態保護區，也是臺灣肖楠木的母種採集區。

而山蕉喜歡生長在日夜溫差大的山坡地上，愈北山勢愈高，生長速度較平地慢，造就了中寮山蕉的口感，且富含鉀鎂鈣，曾是外銷的強勁經濟作物，加上曾有好價錢的柳丁與龍眼，讓這座農村一度富甲一方。

種出日本天皇一吃讚嘆驚豔的山蕉

村子裡有過布莊、飯店、兩家理髮廳、三家菜舖子、包子饅頭店等一應俱全，那是生機最發達的年代，「相對地，那時候的開發最嚴重，也破壞最嚴重。」世居中寮的柳丁果農張鴻濱坦承說道。

如今中寮鄉戶籍登記 1 萬 4 千多人，但當地人會說：「真正住在這裡的不到 2 千人。」

年少跟父親做過農的張源沛，離開工作 30 年的企業，他說：「我就是希望自己回來種果樹，可以真正靠做農養家活口，而不用半農半X。」選擇回故鄉中寮務農的他，反覆思考後，決定種植香蕉——曾因口感扎實又香Q綿密，這種在日治時期貢納給日本天皇一吃讚嘆驚豔，被指定為日皇的御用香蕉，「我相信一定可以作出市場區隔，卻不知道市場在哪裡？」

說起香蕉，多數人聽過旗山或集集的香蕉，卻對中寮香蕉很陌生，張源沛認為想重返香蕉的光榮時代，有機種植才能更提升價值，「我留一些老北蕉，到市集去賣，大家搶著要，老北蕉的差別在於到出了芝麻點，吃起來絕對不膩，但只要灑化肥農藥，3 年後就完蛋。我種植的老北蕉絕對編號，一棵棵照座標編號，我就是要做出一套模式！」

| 石虎 |

棲息地被開發而分割成多個小棲地，族群也因此被分割成小族群，是最大的危機，目前列為臺灣保育紅皮書第一級瀕臨絕種保育類野生動物。（資料來源:臺灣國家公園生物多樣性資料庫與知識平臺、特生中心臺灣生物多樣性網絡）

請問

里山怎麼走？

921 的覺醒！成為復育石虎的重要基地

921 地震後，選擇留下來的當地人對故鄉感情很深，也心知肚明中寮的岩石層比較破碎，基本上，已經不敢再大幅開墾，並逐漸採取友善種植方式，讓震後的生態逐漸恢復生機。

像一年生產 30 幾萬公斤柳丁的張鴻濱在地震後，把一片年產 1、2 千公斤的柳丁果園開挖成生態池，被老人家叨念他不切實際。如今四周長滿大安水蓑衣、穗花棋盤腳、野薑花等，池裡有水菜，裡面的田蚌跟孩子的臉一樣大，還有虎皮蛙、梭德氏樹蛙、澤蛙、小雨蛙、拉德希氏赤蛙等。

「我用石頭圍起來，冬天要放水，否則小動物沒水喝。」這都是他疼惜這片土地的生態履踐，也守護了各種動物的棲息地，張鴻濱、張源沛都曾送過小石虎到特有生物保育中心，也讓中寮成為保育石虎的要塞。溪裡，則常見臺灣石䰾，以及外來的山鰱仔。

另外，四季常見臺灣野兔蹦跳山林間，不時也有穿山甲挖過的洞穴和堀痕，而最讓果農頭痛的則是臺灣獼猴和松鼠、山豬，「獼猴族群愈來愈擴充，是危害農作最嚴重的動物，我們對面的果園離樹林更近，一年大概被牠們採了 1、2 千斤。」

王道！生態、生產、生活的三生平衡

里山

中寮是個名副其實的農業鄉，境內雖有觀光旅遊資源，平林溪畔乾淨極適合發展成親水空間，但整體建設資源不在觀光，無法帶來主要營收。

「農民如果活不下去，就不可能在這邊生活。」這些年，特有生物研究保育中心推友善石虎農作標章的研究人員林育秀團隊開始常跑農地，發現當地部分農夫：「理念比我們還強，強到比我們還誇張。所以，我們不能讓農民只是支持友善石虎農作標章，我們因此也在推動過程中轉了好幾個彎。」

但林育秀直言，在中寮有很多半路出家的農夫，全職卻沒有什麼專業知識，「以為我們只在意生態，只要保住生態就好；而我們盤點完中

香蕉

臺灣的香蕉品種非常多，北蕉是臺灣傳統栽培種。北蕉適應力好，在臺灣好幾個香蕉產地都有種植，但是容易得黃葉病，因此不少蕉園改種改良過的新北蕉。然而老北蕉口感跟風味都比較好，價格自然也好。（資料來源：農委會香蕉主題館）

請問

里山怎麼走？

寮之後得到的感想是，務農簡直就是在靠退休金生活。那等於他們完全沒法靠農業維生。」

有鑑於此，特生中心也在保育之餘，希望帶給農夫一線生機。林育秀說：「整個中寮的居民要達到生態、生產、生活三生平衡才算是有機會的，我們最期待的是第一個收入必須跟上班族差不多；第二個是他住在這邊至少自得其樂，像張鴻濱送小石虎來特生中心，是帶著兒子一起來的，我們也看到小孩在這裡像個野孩子一樣自在。」

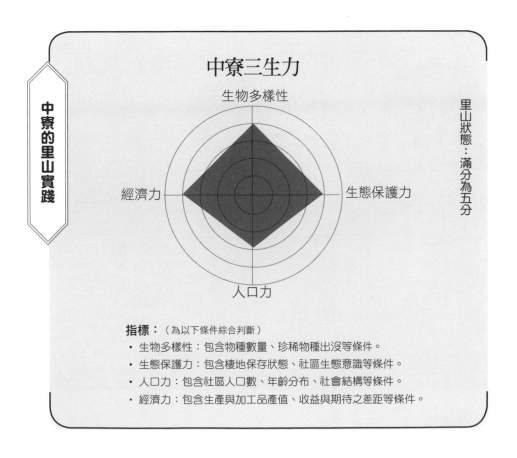

中寮的里山實踐

中寮三生力

生物多樣性

經濟力

生態保護力

人口力

里山狀態：滿分為五分

指標：（為以下條件綜合判斷）
・生物多樣性：包含物種數量、珍稀物種出沒等條件。
・生態保護力：包含棲地保存狀態、社區生態意識等條件。
・人口力：包含社區人口數、年齡分布、社會結構等條件。
・經濟力：包含生產與加工品產值、收益與期待之差距等條件。

臺灣石鱝

臺灣特有種。棲息在水
流湍急，水質清澈的臺
灣西部溪流中游。

龍眼

春天開花。

蜂箱

石蚌

香蕉

香蕉是大型草本植物，一
旦種下就要持續灌溉並投
入照顧。農夫會在春天種
下蕉苗，也表示一年的忙
碌正式展開。

梭德氏赤蛙

臺灣特有種，平常棲息在森林
底層，繁殖期時遷移到溪流。
在中寮還可見到虎皮蛙、澤蛙、
小雨蛙、以及拉都希氏赤蛙。

野薑花

請問

里山怎麼走？

柳丁樹

中寮老株柳丁開花較早，2月就開始開花。

竹林

中寮鄉當地多竹林，麻竹筍、綠竹筍和桂竹筍盛產。春末則有莿竹筍產出。

石虎

春天，是萬物復甦且充滿生機的季節，許多小石虎在這時出生。在這暖和的天氣，石虎媽媽照顧起小石虎相較容易些，但還是要努力到處覓食才能養活自己和小石虎們，石虎媽媽可是非常偉大的喔！

野豬

春筍吸引鼻子很靈的野豬出沒。

穿山甲

臺灣的穿山甲是特有亞種，活動在中低海拔淺山地區。逐蟻巢而居，是夜行性動物，白天會在他們挖掘的洞穴裡棲息。

野兔

蕉事不斷，果農忙，
雨後春筍，讓山豬大快朵頤

中寮的次生林裡，間或有各種竹子生長，每年 3 月起，逐漸溫暖潮濕起來，陸續開始有各種竹筍接力似破土冒出。特別在春雨之後，大量春筍拔地而出，這些竹筍是果農們額外的收入，但也得跟山豬比賽誰動作快。

清明節前後的 45 天正值竹筍採收期；3 到 5 月，則是身形最碩長的桂竹筍產期，農夫多半採收後加工曬成筍乾。4 月中旬迄 6 月中旬，換口感鮮嫩爽脆的莿竹筍上陣。

這時候，會破壞整株香蕉植株、偷挖芋頭的山豬開始出沒，各種竹筍更是牠們的即採鮮食，「竹筍那麼深，山豬都挖得動，加上猴子挖地表，我叔叔一塊園子裡，就被山豬肆虐得體無完膚。」中寮農夫張源沛又氣又惱地說道。

與山豬搶收筍之外，新植的柳丁樹若還未達開花期，農夫也要趁著春天進行株形的修剪，只見果農們和僱工們忙著先進行摘心。

至於老植株 2 月正是開花期，清香的白色小花一一綻放，這也是蜜蜂忙著授粉的季節，採了雄蕊花粉讓雌蕊受孕，完成授粉後的柳丁花，雌雄蕊逐一凋謝，子房膨脹，果實就從這而來，雌蕊的果實像「臍帶」的角色，接收整株果樹所製造的養分。

請問

里山怎麼走？

3 月到清明前，呈圓錐花序排列的龍眼花開，中寮的養蜂人家，蜂箱裡滿溢龍眼花粉與花蜜，忙著刮下蜂脾、脫水、罐裝、貼標，豐年採到滿滿時特別開心。然而，氣候逐漸異變，養蜂人家的嘆息聲逐漸多於笑容。

這一季，更是蕉農種植蕉苗的季節，黃葉病病毒曾使臺灣的老北蕉如罹癌般全數萎縮，農試所育出新北蕉和玉山蕉品種讓蕉農重新找到希望，小心翼翼從土壤開始改善，若是採有機種植，至少一塊地可以種個 5 年香蕉。但 3 到 5 月間香蕉一種下，既不能缺水，淺根性也不能浸水，農夫就要留意每天的灌溉與排水。

對蕉農來說，種香蕉等於被綁住，一年四季都有農事得忙。春天也是為香蕉施放有機肥挖溝的季節，整個春天忙碌程度絕不輸給嗡嗡嗡的小蜜蜂。但農事繁忙之中，夜鷹夜間啾啾啾叫個不停，常擾得農夫抱怨說夜間不得好眠。

竹筍

臺灣石𩼧

龍眼

夏日結實累累，居民會將新鮮龍眼以窯燒、柴燒跟烘焙方式製作龍眼乾。

香蕉

蕉農 6、7 月要忙著立柱，進入夏天後就可以開始採收。

野薑花

蜂箱

梭德氏赤蛙、虎皮蛙、
澤蛙、小雨蛙

臺灣獼猴、山豬

香蕉果熟食，會吸引獼猴、山豬、還有松鼠時常光顧。

請問

里山怎麼走？

柳丁樹

6、7 月是種植柳丁較輕鬆的時刻，果農此時忙著照顧香蕉去了。

竹林

穿山甲

穿山甲是哺乳類動物，小穿山甲出生後會攀爬在母體上，稍長之後才會獨立活動。

石虎

夏天，是萬物趨於成熟的階段，小石虎已經長大，跟著媽媽到處闖盪，再過不久就要獨立了，這時候的他們要努力跟著媽媽學習打獵的技巧，培養自己在獨立後覓食的能力，小石虎正努力茁壯著呢！

野兔

爽吃！
香蕉成了動物的開心果園

「種香蕉幾乎每個禮拜都有幾千塊收入，可支應日常花費，種柳丁則是看得到一整筆錢進帳。」因此，多數中寮農夫都會採取香蕉和柳丁兼著做。理由是種柳丁的輕鬆時刻約在 6、7 月，這時正是替香蕉立柱的尖峰時刻。

夏季，通常香蕉開始大量採收，但也是價格最便宜以及病蟲害最旺盛的時刻，有機種植的蕉園尤其得防患象鼻蟲害，避免中心支柱被蟲蛀，整株垮掉。

農夫們發現北蕉系列似乎有返祖現象（指回到祖先所具有的特徵），一年長得比一年高，有些高達 3 到 6 公尺，香蕉的假莖幾乎等於中空，從春到夏季颱風來之前，就得大面積地替老植株立柱，不僅防風，還要支撐蕉欉。

一旦香蕉吐出芎來，花蕊向下，頭開始變重，逐漸等待香蕉長成水平的過程，蕉農就要抹花、套袋、疏果，控制每根香蕉的克重不要超過150 公克，這些幾乎是每個禮拜都要做的農活。

套袋之後，還得防範松鼠來咬破不織布袋子。還好松鼠食量小只吃上面，但也夠煩惱了。

請問

里山怎麼走？

山勢較高的山區蕉園，更是哺乳類動物的開心果園。果熟時節，獼猴成群巡邏，扯破整個套袋，咬個幾口，再兩手狂採，嘴巴叼、手上捧、腋下夾，一伸手再採，腋下的掉了，每株起碼要壞個 2、3 串。

山豬更令人惱，張鴻濱恨得牙癢癢地：「我只要套上去，山豬的獠牙就會給你戳戳戳，戳到整顆倒下來，有一次我套了 1、200 串，第二天統統倒光，後來我就放棄不種啦！」

北中寮鄉舊稱「龍眼林庄」，早年龍眼成林，當地會舉辦「龍眼林季」，約到天氣溽熱的 8、9 月，龍眼樹上果實纍纍掛滿枝頭，農家鋸枝採摘成熟的龍眼，綑綁載運回去，當天鮮採的當天烘焙，以保留龍眼的蜜甜味。

這是大量耗費人工的工作：摘採、剪枝、剪粒、篩選等，或採傳統的龍眼木窯燒，或以大型烘烤箱烘烤，或純日曬，整座鄉里蜜香撲鼻。

龍眼樹

龍眼

臺灣石鰾

香蕉
入秋後蕉葉枯
乾，蕉農得採
收後全珠砍
除，另以小苗
栽植。

野薑花

蜂箱

石蚌

請問

里山怎麼走？

柳丁

中寮是南投柳橙最大產地，秋天後進入採收旺季。

竹林

穿山甲

因為生性敏感、行動緩慢，又不會發出聲音，救援野放不易。

保育觀念進步偷獵行為減少，但棲地破壞、獸鋏夾傷、野狗攻擊仍是臺灣穿山甲受傷與死亡非常大的威脅。

臺灣獼猴

手腳很快的獼猴這時毫不客氣的搶先果農，在柳丁園先嘗為快。

石虎

秋冬之際，在春天出生的小石虎已經可以獨立囉！從媽媽身邊離開，獨自找尋自己的地盤，好好生活著！而這時候也是公母石虎準備交配繁殖的季節，是石虎族群得以繁衍而生生不息的時節，充滿了希望的氣息！

黃澄澄甜中帶酸，
柳丁果香滿山頭

秋風起兮，香蕉葉繼續枯乾，蕉農務必得不停手割枯葉，避免遭橡鼻蟲害，會傷及中心支柱；秋天還要繼續立柱；挖溝施有機肥，灑下肥料，儘管氣溫 15 度以下，香蕉彷彿睡著般，等春日回暖，肥分才會發揮作用，但這些點點滴滴的工作一點也不能馬虎（註）。

香蕉農事逐漸減少的同時，中寮丘陵間的柳丁到了豐收季，獼猴先遣部隊已經來大肆採收，這裡氣候日夜溫差大，讓中寮柳丁不僅止於甜，更有酸甘的尾韻。

整個中寮鄉宛若柳丁王國，塑膠籃裡躺著金黃耀眼的粒粒圓果，篩選分級，送農會的、送飲料廠商的，年年都盼望守著基本價格莫崩盤。

註：香蕉為一年生植物，不過中寮等地部分農民，尤其採有機種植者，會採宿根栽植，採收後不會完全剷除田株。

穿山甲　原本棲息於中低海拔森林。食物以白蟻、螞蟻為主，全身布滿灰色鱗片，遇敵時會蜷縮成球狀。因為獵捕及棲地破壞，目前已漸稀少，全臺灣僅零星記錄，目前列為臺灣野生動物保育類名錄珍貴稀有野生動物。

請問

里山怎麼走？

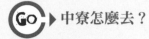 中寮怎麼去？

●大眾交通系統

1）彰化客運南投站搭車（540 南投市三和 3 路 21 號）。

● 中寮北邊

「南投─內城」線：永和村→永芳村→龍岩村→爽文村→龍安村→內城村→清
　水村。

● 中寮南邊

「南投─鄉親寮」線：義和村→永福村→中寮村→永平村。

「南投─粗坑」線：義和村→永福村→中寮村→永平村→八仙村→福盛村。

「南投─大坑」線：義和村→永福村→中寮村→永平村→八仙村→福盛村→和
　興村。

「南投─十八股寮」線：義和村→永福村→中寮村→廣福村。

「南投─集集」線：義和村→永福村→中寮村→永平村→崁頂村→集集鎮。

「南投─項城仔」線：義和村→永福村→中寮村→永平村→崁頂村→廣興村。

●自行開車

1）由北部來

　　中山高速公路→臺中港交流道→中彰快速道路→省道 14 號公路→至南投市
　　接投 139 線往中寮南邊，過軍功橋走投 22 線（往爽文方向）往中寮北邊。

2）由臺中來

　　中投公路→至草屯接省道 3 號公路→至南投接投 139 線往中寮南邊，投 22
　　縣往中寮北邊。

3）由彰化來

　　省道 14 號公路→南投市接投 139 縣道→中寮南邊，投 22 線往中寮北邊。

4）由南部來

　　中山高速公路→斗南交流道→走 3 號公路→斗六→竹山→名間→至南投市接
　　縣道投 139 線到中寮南邊；過軍功橋走投 22 線，經南投酒場到中寮北邊。

理念先行的農夫們

⊕ 全採自然農法的柑橘園，生態悄悄平衡了！

中寮有些農夫的保育理念徹底到令特生中心人員訝異不已。他的果園位在中寮，因曾農藥中毒後決心不用農藥，但在接觸綠色保育標章後，因做堆肥的原料有些可能不符合標準，他就開始也不使用任何肥料，「香蕉卻種到一年比一年小，父親留下的一片茂谷柑最後整個爬滿藤蔓，好幾年沒有收成，灌溉系統也沒弄。他因為精壯結實、動作也快，目前主要靠幫別人砍草維生。」研究人員林育秀分享說道。

2018 年，林務局委託慈心基金會辦理實地參訪交流活動，「這位農夫為了我們要去，把果園蔓生的藤蔓清除。」林育秀說：「一同前往的農試所老師看了好高興說：『從來不知道 10 幾年沒用農藥的柑橘園還好好活著！』原來果園的生態已經平衡回來了，但他卻沒辦法靠這片柑橘園生活。」

肯定這片園子生態的農試所老師直接介入，跟他簽下實驗田的合約，期間的相關資材、肥料都由農試所負責，農夫自身得出工。等待這一年的成果驗收後，即可知道能否靠果園改善他的生活。

請問

里山怎麼走？

⊕就是要種給動物吃！

最極端的案例則是，一位很年輕的農夫想申請生態保育給付，誤以為得把 6 分田全變成荒地才是保育，「所有的作物都要留給動物吃！」研究員林育秀哭笑不得的轉述。

果真，縣府人員尋了一圈根本找不到可送驗的採樣重量，「一棵很大棵的檸檬樹只找到兩顆檸檬，一棵西印度櫻桃。問他好不好吃？他說那是給鳥吃的，每個東西都是給動物吃，他根本沒去巡視。」她重申，即使做野生動物保育，也不會要求農夫放棄收成，唯有農民能繼續生活，才能保住這些野生動物的棲地環境。

柳丁樹

復育水梯田
讓生態大好

——離繁華都會很近又療癒的生活秘境

如果在北臺灣要選一處深具療癒作用的地方，貢寮的水梯田絕對是首選，外地人遠眺內寮溪山谷間的梯田，無論春夏秋冬，滿山逐梯的初秧時翠綠、稻熟時金黃，秋收後休耕的一泓泓水、一層層鏡面，幾乎人人都會被眼前的靜好秀麗打動。

貢寮的歲月像河溪悠悠緩緩地流著，既典型又非典型。在生態保育面上，有著典型臺灣東北區的諸多小型溪流生態樣貌，為保育臺灣洄游性魚蝦蟹貝的熱點之一；也是無數離不開水的淺水域原生水生植物所剩無幾的一艘方舟，許多早已消失多年的蜻蜓在貢寮再度被發現，600 餘種生物在這裡被發現並記錄下來，讓昆蟲、小草花，還有躲著人而夜間卻大開趴的野生動物們，如食蟹獴、白鼻心、鼬獾、麝香貓等找到安身立命的角落。

哪天當你造訪時，或許還會聽到兩隻阿獴（食蟹獴）在水梯田上一路邊互嗆一邊打鬥著。

里山

水梯田是關鍵生態補償區域

當水泥田埂無所不在地入侵全臺農田，大幅破壞生物棲地的同時，貢寮的山間水梯田，成了許多生物的關鍵生態補償區域。終年蓄水的水梯田，也能延緩降雨洪峰到達的時間，防止土壤流失。不採用大型機具耕作，不會交換外來的土壤，反倒杜絕了專吃秧苗的福壽螺蹤跡。

徒手的農具加上水牛，頂多開著小型機具，對爬得慢的烏龜、鱔魚避免被輾過，而這種緩慢的翻耕擾動反而有利於小草花，促使它們開花結果年年可生生不息。

水田、溪流、山澗、濕地，蜿蜒到大海等一連串所構成的水系，像條臍帶般串起貢寮、東北角乃至於臺灣。中央山脈的森林細碎物質被奔流的河水搬運到下游的田寮洋濕地，當年移民來貢寮的先輩沿著森林，找到緩坡順勢開墾，從終日日照的南向坡田，逐一被屯墾，造就了有森有川的濕地環境與百餘年來的水田耕作，鑲嵌出臺灣獨一無二、非典型的里山聚落。

「雖然海拔不高，但位於東北角，小但高度夠高，而且貢寮是個很特別的地方，剛好位在熱帶植物的北界，也是溫帶植物的南界，所以有一些溫帶的物種，例如屬於北降的溫帶物種的紫萁會長在貢寮的水梯田田壁間。」狸和禾小穀倉狸老闆林紋翠說。

里山農夫很燒腦

穀精草

以前資源多，可以靠很多不同的辦法養家活口，以往有頭城草藥店來收像穀精草之類的草花，當地農夫會採草藥、採卷柏，但當草藥店式微後，青壯年的貢寮農夫開始養蜂養魚，找不同的出路。

請問

里山怎麼走？

植物是生態指標，
更是生活的一種念想

長期待在貢寮觀察記錄各種生物的林紋翠，眼見的貢寮幾乎就是一個如假包換的生物樂園，除了四季各有節奏的植物之外，有些一直都在的植物，還曾經是當地居民依賴生活的副業。

「有機會就長的白茅，夏天開花前特別茂盛，以往當地人會在割稻前採白茅葉曬乾，等到割稻後就把它當屋頂。為了蓋房子的需求，過去會刻意種一塊田收割白芒葉。」

林紋翠還透露，人稱「樹伯」的貢寮老農夫張義信，也被叫成「茅圃樹」，正是因為他們家有一塊地專門種白茅草，供應貢寮人的「建材」需求。現在貢寮還保留一、兩塊茅草田，方便一些餐飲業或陳列裝置做點綴。

聽老一輩貢寮人說，早年祖先來貢寮是為了種植染料用的馬藍（又稱為大菁），當初也順道帶茶來種。林紋翠轉述老人家敬天的虔誠之心，「有位老阿伯一直會製茶，但自製茶是用來敬拜祖先，而不是自己喝的。」

林紋翠笑說，「他們的焙茶技術都是豪放粗放，今年 80 幾歲的樹伯在 6、70 歲時還會去採野茶焙茶。」

水牛

老農夫的老夥計

在貢寮多靠徒手的農具加上水牛，頂多開著小型機具。水牛與農人建立了緊密的連結與羈絆，有些老農會不辭辛苦翻過半個山頭送新割下的草回去餵食家中的戰友。

生物多樣性，證明友善農耕就是不一樣

東北角的夏天幾乎不下雨，甚至夏天3個月都無雨，其他9個月一直下。又濕又冷，不容易只靠種作物能生活，以至於桂竹曾是貢寮一個很重要的產業。

早期沒有冷藏設備，東北角漁民捕魚後都煮熟放在魚簍裡，送出去賣。貢寮當時很重要的副業就是編魚簍，山上人不捕魚，但會製作工具，集中在物資交換中心的貢寮街上，而木炭則是賣往南方澳，至於稻米留下自家食用外，就挑扁燈搭火車賣到華山。

山居農夫想盡辦法養家活口，也曾有頭城草藥店來收像穀精草之類的草花，採草藥、採卷柏；但當草藥店式微後，青壯年的貢寮農夫開始養蜂、養魚，繼續水梯田的傳統耕作方式，並找尋可以靠山吃山的活路。

目前，貢寮有「和禾生產班」致力於小而慢的友善農耕方式，因此有共同理念的農友都必須遵守一些規範。「我們發現這裡能夠有如此的生物多樣性，就是因為傳統耕種方式。所以，我們就把這些耕種方式當作規範，農夫堅守不用藥；田裡要終年蓄水；在地育種，杜絕防治外來種；僅能用小型機器……。這樣的地方很珍貴，要試著保留下來。」林紋翠說明。

食蟹獴

貢寮生態扛霸子

被列為珍稀動物的食蟹獴在貢寮自在地像在逛廚房，大白天都可能在田邊看見他們追逐。

主要分布在低海拔到中海拔的山區森林以及溪流水域環境，是臺灣溪流水域生態重要的指標生物。

請問

里山怎麼走？

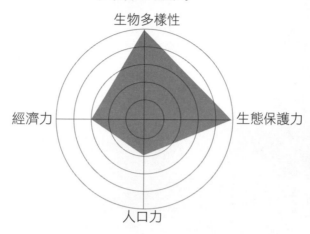

貢寮三生力

里山狀態：滿分為五分

指標：（為以下條件綜合判斷）

- 生物多樣性：包含物種數量、珍稀物種出沒等條件。
- 生態保護力：包含棲地保存狀態、社區生態意識等條件。
- 人口力：包含社區人口數、年齡分布、社會結構等條件。
- 經濟力：包含生產與加工品產值、收益與期待之差距等條件。

【Let's go！】貢寮水梯田小旅行

https://www.facebook.com/papatravel2017/

人禾基金會爬旅行　預約電話 (03)922-1613#17

貢寮的
四季之美 **春天**

鼬獾

紫萁
通常在中海拔
才會出現的蕨
類紫萁，也出
現在貢寮的梯
田山壁喔。

刀傷草
春天的田裡淨
空，是很多小
花盛開的季
節，通泉草、
刀傷草、水芹
菜、半枝蓮、
夏枯草都會在
貢寮田間出
現。

蛙類
小雨蛙、樹蟾
春天很活躍
喔。

蜻蜓
春天扶桑蜻蜓
率先出現，接
著可看到鼎脈
蜻蜓、猩紅蜻
蜓、霜白蜻
蜓、薄翅蜻
蜓、杜松蜻
蜓、侏儒蜻蜓
出沒。

白鼻心

食蟹獴
俗稱「棕簑貓」，除了會跑進田裡摸田螺吃，平常
靠田吃田，會捕食淡水蟹、蛙、蝸牛、魚。

請問

里山怎麼走？

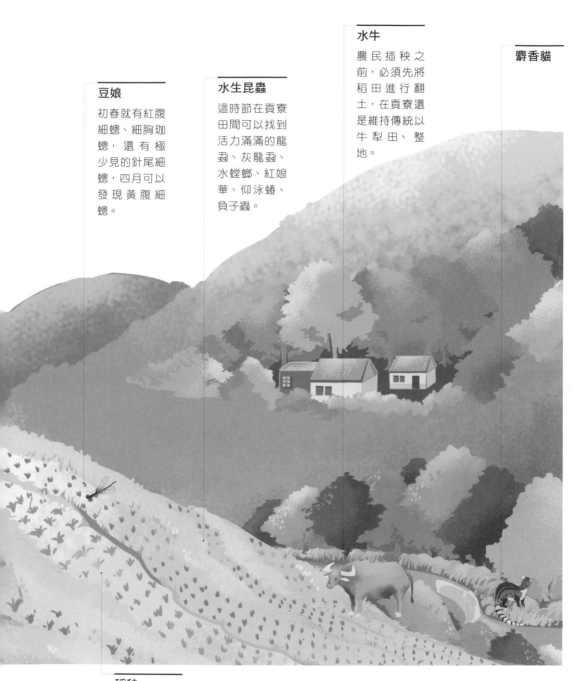

水牛
農民插秧之前，必須先將稻田進行翻土，在貢寮還是維持傳統以牛犁田、整地。

麝香貓

豆娘
初春就有紅腹細蟌、細胸珈蟌，還有極少見的針尾細蟌，四月可以發現黃腹細蟌。

水生昆蟲
這時節在貢寮田間可以找到活力滿滿的龍蝨、灰龍蝨、水螳螂、紅娘華、仰泳蝽、負子蟲。

稻秧

貢寮的
四季之美　春天

小花小草的開心水田，召喚著昆蟲、動物、蕨類等現蹤

一年一期稻作的貢寮，於農曆年後展開，在插秧前還得再翻土一次，農夫的工作流程是先進行稻種育苗，準備秧田，灑稻種；一個半月後，稻種就長到可以插秧的程度。

這段時間，整理翻田、補田埂，砍掉田壁上的草，因為當地較冷，砍下的草難以靠大自然的分解自行腐爛，儘管現下的有機農法是不能燒，但農夫仍得減量悶燒。這些都必須解釋給外來的遊客理解。

春天的田裡要淨空，又是很多小花盛開的季節，通泉草、刀傷草、水芹菜、半枝蓮直到夏枯草等，這些小花跟春天授粉的昆蟲如獨居蜂、食蚜蠅等關係密切，林紋翠說：「這幾年，我觀察發現若早春某種花開了，才會看到那種蜂。那種花沒了，那種蜂就沒出現了，可能蜂剛好在當時就喜歡那種花。有刀傷草時，就會有一種地蜂；水芹菜開花時，又會有另一種獨居蜂。」

屬於蕨類通常在中海拔才會出現的紫萁，竟然出現在貢寮。紫萁冬天休眠，得要在農耕的擾動環境下才會長得好。極特別的鈴木草，小小朵很像蘭花相當漂亮，也屬於會現身貢寮水梯田間的溫帶植物，開花時，會有口器很長的臺灣長鬚蜂去採蜜。

3月，正紅色的金毛杜鵑沿著桃源谷步道綻開；4月，開紫色喇叭型花的倒地蜈蚣攀緣路旁一直盛開到9月。堅韌的魚腥草在春末夏初時最漂亮。趣味的小花半邊蓮此刻也在田埂裡探出半邊臉。

請問

里山怎麼走？

紅腹細蟌　　　　　　　青紋細蟌　　　　　黃腹細蟌

許多在臺灣罕見的蜻蜓跟豆娘則按季節飛舞在貢寮。初春,扶桑蜻蜓、紅腹細蟌、細胸珈蟌已出沒田間;極少見的針尾細蟌也早早現身,既不怕熱也不怕冷,到 11 月還看得到牠。

幾天後,鼎脈蜻蜓、猩紅蜻蜓、霜白蜻蜓、薄翅蜻蜓、杜松蜻蜓、侏儒蜻蜓、白粉細蟌也相繼出席田中,幾乎在臺灣絕跡 30 年的黃腹細蟌則在每年 4 月現芳蹤。

農夫們插完秧,剛補完田,第 2 天田裡點點盡是可愛的動物腳印:食蟹獴、麝香貓、白鼻心、鼬獾,新補田埂,牠們踩過去的腳印,很快就辨識得出來,前一晚牠們已在田間大開趴。

天氣逐漸回暖,草伴秧苗漸漸長高,為避免與稻秧搶養分,貢寮農夫開始彎身徒手拑草。此時,龍蝨、灰龍蝨、水螳螂、紅娘華、仰泳蝽、負子蟲等昆蟲們,加上蜻蜓與蟌類各個把握春光完成繁殖任務,雄蟲們使盡渾身解數守著領域等待雌蟲翩翩到來。

小雨蛙、樹蟾等兩棲動物,也在水田間蹦來蹦去。整個貢寮的春天正是萬物甦醒的寫照。

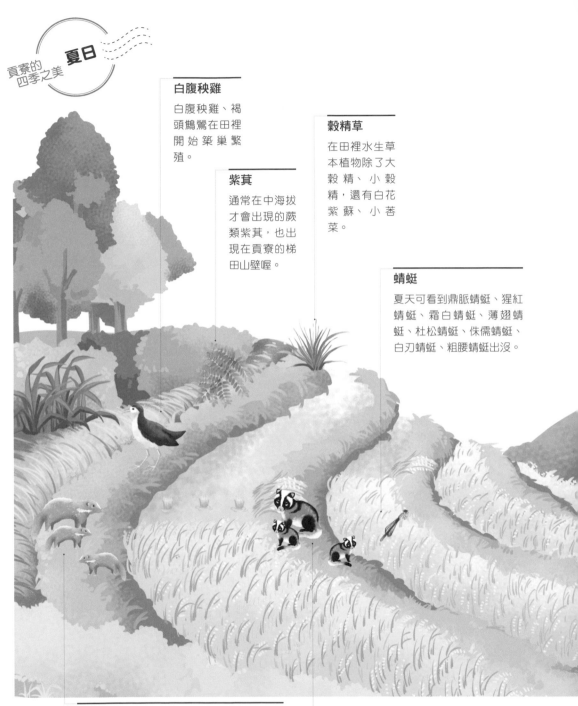

白腹秧雞

白腹秧雞、褐頭鷦鶯在田裡開始築巢繁殖。

穀精草

在田裡水生草本植物除了大穀精、小穀精，還有白花紫蘇、小苫菜。

紫萁

通常在中海拔才會出現的蕨類紫萁，也出現在貢寮的梯田山壁喔。

蜻蜓

夏天可看到鼎脈蜻蜓、猩紅蜻蜓、霜白蜻蜓、薄翅蜻蜓、杜松蜻蜓、侏儒蜻蜓、白刃蜻蜓、粗腰蜻蜓出沒。

食蟹獴

日行性動物，白天會大辣辣出來逛街，走訪貢寮田間，就可能遇到兩隻食蟹獴追逐，不知道在嬉戲還是在打架。

白鼻心

請問

里山怎麼走？

豆娘

進入夏天後，有白粉細蟌和隱紋絲蟌加入，還有紅腹細蟌、細胸珈蟌、針尾細蟌、黃腹細蟌，非常熱鬧。

柴棺龜

田土上偶爾看到圓圓的痕跡，那是柴棺龜走過的痕跡。

蛙類

小雨蛙、樹蟾這時候很活躍喔。

馬藍

是重要的藍染植物，在夏天到初秋開花結果。

白茅

即將滅絕的水生植物長得好、
全臺鳥類生態冠軍也在這

近夏時序，白粉細蟌和隱紋絲蟌各種蜻蜓家族的成員漸增，生存與繁殖的擂台賽已呈大爆炸狀。

隨著水稻迅速拔高，「比較機會主義」，林紋翠這樣形容在濕地裡變動性比較高的水生植物也跟著往上竄，像野慈菇等水生植物逮到一個生長期就快快長，只要結果果實掉落地，就保障生生不息。

田埂只要灌水後，可能根已在田裡休眠很久的鴨舌草迅速滿滿綠綠一整片。而野慈菇的生長速度直比稻子，多年生的絲葉狸藻、大穀精則神閒氣定地不趕著開花。

與農耕錯開來的水生植物，稻子在春天生長時，幾乎不見蹤影。

一旦入夏，稻子長得差不多，稻田下面的水生植物趁此時開始長，直到長得像一座森林。而此時，稻葉伸展和野慈菇開花，稻蝗正樂得吃個不抬頭。

簀藻、白花紫蘇、小莕菜、毛澤番椒、挖耳草、絲葉狸藻等都列入即將滅絕的紅皮書植物，在貢寮這優渥的棲息地，也在夏日伸展。

柴棺龜

請問

里山怎麼走？

田土上偶爾看到圓圓的痕跡，那是腳短的柴棺龜走過，據說不撒藥的水梯田裡都住著一兩隻柴棺龜，與農夫可親著呢。

田寮洋已記錄鳥種數高達 310 種，居臺灣重要濕地的鳥類生態冠軍。仲夏，黃頭黃鶺鴒、小青足鷸等星星點點分布在濕地上。

而諸鳥求偶後，活躍在田裡開始築巢繁殖：白腹秧雞、褐頭鷦鶯等也利用田邊來築巢下蛋。

難得暖洋洋的陽光催得田邊的圍籬：九芎、野牡丹、臭黃荊、杜虹、莢迷等妊紫嫣紅地吐蕊，這些圍籬灌木，純粹是農夫就地取材砍來的樹種，只要插枝就發芽，自己長成圍籬，避免外人任意闖入。

7 月底，穗粒飽滿滿山金黃的稻穗，大暑前後，貢寮水梯田開始一梯梯收割，割完稻，廢校後的吉林小學操場已成為和禾米的曬穀場，老中青幾代農夫輪流曬穀，午後的雷雨說來就來，得隨時留意著天候。

白花紫蘇

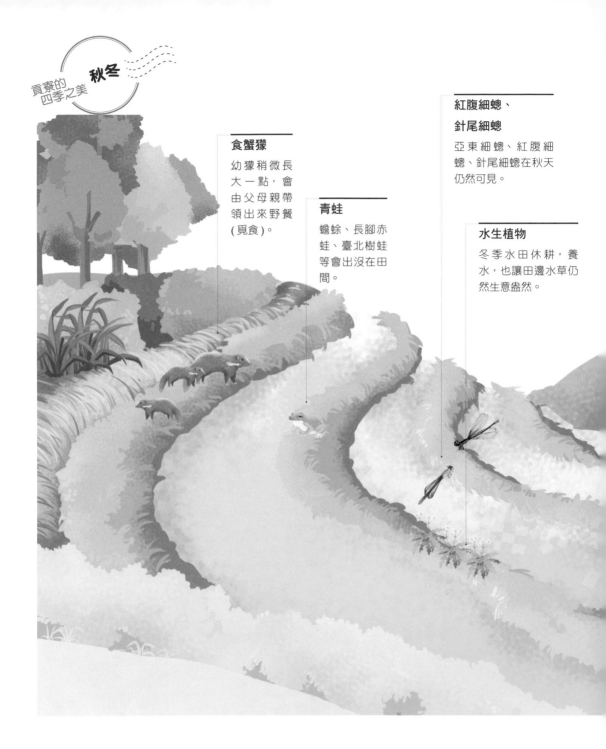

食蟹獴

幼獴稍微長大一點，會由父母親帶領出來野餐(覓食)。

青蛙

蟾蜍、長腳赤蛙、臺北樹蛙等會出沒在田間。

紅腹細蟌、
針尾細蟌

亞東細蟌、紅腹細蟌、針尾細蟌在秋天仍然可見。

水生植物

冬季水田休耕，養水，也讓田邊水草仍然生意盎然。

請問

里山怎麼走？

飛鳥

冬天可見白額畫眉、赤灰山雀、黑鳶、林鵰、鵟鷹和白腰草鷸。

曬乾的稻草

收割下來的稻草往往被農民們充分利用。

農夫

貢寮水梯田完全靠人力收割，等待來年春天之際農夫會來翻田。

秋高氣爽水稻田好豐收，
食蟹獴等生物現身來過冬

立秋後處暑前，水梯田正是汗滴禾下土景象。幾乎都得靠人力收割的水稻田，呼朋引伴來的農夫們各按其職，割稻打穀，再分穀、曬米，農忙的高峰總算可以歇腳。

這裡的天氣不適合種二期稻，農作節奏不會在收割後立刻翻田，而是等中秋節之後到冬至間翻土，若是太早翻，根本白做工，水生植物會再旺盛地長回來。

過了秋節天氣轉涼，水草的生長力趨緩，讓水草有一段自由時間任意生長。但若是太晚翻土，天氣過冷，草不會爛，第二年的收成就會不好。

秋天，罕見的亞東細蟌停留田間，紅腹細蟌照常飛舞。天候日趨濕冷，即將入冬，針尾細蟌會趕在田裡繁殖，冬天以幼蟲型態蝸居田間，成蟲則遷移到溫暖的地方。

從雪山山脈降遷的鳥在冬天停留在貢寮，白腰草鷸零零星星地來，白耳畫眉、赤腹山雀、黑鳶、林鵰則前來覓食。

冬天看到哺乳類動物如食蟹獴的腳印頻率最高，田裡不時看到吸過的田螺殼。蟾蜍、長腳赤蛙也陸續報到，臺北樹蛙則在田埂邊弄一個洞生蛋，孵化完就滑到田裡。

農夫停下所有農事，進入冬藏時序，東北季風一吹，冬雨飽滿終年蓄水的梯田，讓依水而生的生物不必搬家。

請問

里山怎麼走？

林鵰

貢寮水梯田怎麼去？

●大眾交通系統：

搭乘北迴臺鐵「貢寮車站」下，轉搭乘新北市新巴士至「桃源谷登山口」，週
一至週五每日 7:00、11:10 各一班。

●自行開車：

1）行駛於高速公路，由八堵下北部濱海公路（東北角海岸）交流道，走瑞八公路
   經瑞芳接濱海公路至本區；或從基隆下高速公路銜接濱海公路經八子斗到本區。

2）北宜公路：由新店經坪林至宜蘭之二城轉接濱海公路到達本區。

3）瑞芳至貢寮間另有兩條山路：

• 102 號公路 ─ 由瑞芳經九份、金字碑、牡丹、雙溪、至貢寮。

• 候牡公路 ─ 由瑞芳經候硐、牡丹、雙溪到貢寮。自行開車遊客當濱海公路交通
  擁擠時，可選擇行駛山路，避開堵車，並沿途欣賞山林景色，堪稱一舉兩得。

白腰草鷸

全村動員
齊心重現海角樂園

—— 臺灣第一座栽培漁業示範區，彰顯里海精神

從空拍圖來看，卯澳的地形就像一個微笑的大 U 型，這座小漁村位在新北市貢寮區，從香蘭街到卯澳、馬崗、萊萊，都屬於福連里；但人們可能熟知的是比鄰的海鮮產地澳底漁村與三貂嶺燈塔，車行經過很少人留意到這座隱藏在森林間的小漁村。

純樸的卯澳人希望引起注意，在入漁村路旁，於 2016 年 5 月豎起一座九魚柱，但完工後卯澳人發現從海堤裡看不到「卯澳漁村」四個字及舢舨船，兩度先後升高並擴大基座。

步入村裡，穿過村子中央是豬灶溪，最吸睛的莫過於沿著海岸旁畫滿魚的彩繪堤岸以及幾座亂砌石老屋，或被完整保留下來，或斷壁殘垣屋頂傾杞，成為卯澳的人文景觀之一。

這座小型的卯澳漁村，曾經以捕漁為主，農事為輔。1970 年代以前，從小香蘭到萊萊，沿臺 2 線兩旁都是水田，如今水田雖已經完全荒廢，但田埂的砌石仍留下印記。

卯澳漁家捕魚本領強，仍需找活路

做為被政府挑選為第一座栽培漁業示範區，卯澳本身條件即符合《上山種下一棵樹》這本圖畫書所寫的：「森林就像海洋的戀人。有茂盛的森林，才能為海洋帶來養分。」

境內有坑內溪、豬灶溪、榕樹溪等三條野溪流過，而魚蝦貝類要長大產卵一定得在淡水與鹹水交界處，三條野溪把山上植物的野花野果的養分沖到卯澳灣，造就灣裡食物多、動物多。

「卯澳漁業型態有刺網、棒受網（棒受網屬於火誘敷網的一種，捕得漁獲以趨光性魚類為主）、延繩釣（並非圍網撈捕，採取海中放繩釣魚方式）、一支釣（即手釣）等，四季都捕得到魚，漁人不需要轉換成陸上的其他工作。尤其，臺灣漁夫不像日本漁夫就只專精一種漁具，因此我們的漁夫通常是這季節若手釣比較快，他就手釣；這季節或許魚多，他就用網去撈。」水試所研究員陳均龍以卯澳為研究區域，他觀察到當地的漁家生態。

而卯澳的魚類資源即便在海洋資源逐漸減少的今日，根據海生館副館長陳義雄在卯澳灣海域所進行的魚類物種群聚結構生態調查，2017 年度調查到海域魚類的物種多樣性，共計 41 科 95 屬 188 種，比 2016 年

棒受網

棒受網漁業就是利用探照燈光聚魚後捕撈的漁業，漁船掛滿集魚燈，數量從十多顆至上百顆皆有，出海作業時，集魚燈發出的強光誘集鰹魚、剝皮魚、鎖管等具趨光性的生物。

請問

里山怎麼走？

度多記錄出 89 種礁區魚類，可能與整體海灣示範區棲地保育的成效有直接相關。

海灣內的各相關區系，經多年來的研究，總共累績高達 58 科 146 屬 290 種魚類，其中屬於經濟性魚類種類比例，共計有 70 種，占了 37%。

若是以年度樣站的排序來看，總數量優勢分析的前十名魚種，依序為雀鯛科占 3 種為最多，其次則是天竺鯛占 2 種，其他科別則有烏尾冬科、鰕虎科、刺尾刀鯛科、隆頭魚科、蝴蝶魚科等各 1 種。

「我們的主要漁獲有鯛、龍蝦、軟絲、小卷、鰹魚等。現在剝皮魚價錢很好，原來一斤 40 元的剝皮魚現在 250 元，一條去頭去尾真空包裝的，跟鱈魚一樣沒有魚刺，都市人還是覺得很便宜。」福連里里長吳文益指著一位漁船船主說：「抓到 20 斤龍蝦賣 2 萬多塊，但漁民看到日本龍蝦，要超過 20 公分才能捕。」

儘管魚價節節高漲，現在漁民的收入很多，但要當漁民的人很少，漁村人口逐漸老化，卯澳也必須找到新的活路。

延繩釣  延繩釣大都在冬季，是以一條很長的幹繩放在海面，幹繩上會綁有多條支繩垂向海內，支繩附有魚鉤，專門釣捕底棲魚類。延繩釣漁業需整理釣具，漁村內的老人、婦女都會參與。（資料來源：貢寮區漁會）

海藻給人吃、魚也要吃，限採得永續

卯澳居民除了捕魚，也從海中採集食物補貼家用。東北角海岸因水質純淨，礁岩地帶是各式各樣藻類的天堂。

富含膠質的石花菜與珊瑚草（麒麟菜）長在潮間帶上，4月到7月間，黃色、紅色、紫色的石花菜鋪滿濱海公路沿線，為山海景緻抹上燦爛色彩。

石花菜和珊瑚草的生態，是一到入冬生長速度趨緩，春夏兩季盛產，形體大且產量多。

為了涵養東北角海岸野生海藻及永續利用海洋資源，新北市政府農業局有鑑於冬天東北角海岸野生海藻數量相對不足，憂心水生動物減少食物來源，公告冬季限採政策，不僅保護海洋生態資源，增加魚蝦棲息地，也讓海女海男降低採集時發生風險的機率。

卯澳有好幾條福卯步道等登山步道、三條野溪、卯澳灣，山水海俱全，又因為近來能見度愈來愈高，一個沒落幾十年的卯澳小漁村，周末假日遊客日增，也帶動了卯澳的服務業，海洋驛站、卯澳小吃、樹梢石頭屋假日咖啡、最愛手作創意工場……。

| 海女文化 |

貢寮海岸潮間帶與礁岩間盛產石花菜，水位低的時候會露出水面，但其他時間石花菜在水面下，要採收就得下海去。於是在這裡發展出獨特的海女文化，卯澳地區阿嬤級的婦女往往具備這項技能，在盛產期採收分攤家計。經驗豐富的海女往往自製面套、道具，就能下水採摘。

請問

里山怎麼走？

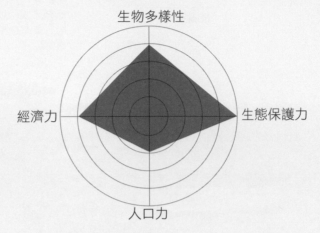

卯澳三生力

里山狀態：滿分為五分

（雷達圖標示：生物多樣性、生態保護力、人口力、經濟力）

指標：（為以下條件綜合判斷）

- 生物多樣性：包含物種數量、珍稀物種出沒等條件。
- 生態保護力：包含棲地保存狀態、社區生態意識等條件。
- 人口力：包含社區人口數、年齡分布、社會結構等條件。
- 經濟力：包含生產與加工品產值、收益與期待之差距等條件。

卯澳擁有許多百年石頭厝，是因應當地風土環境發展出來的建築。石材是來自海岸的砂岩，屋架取自後山的竹材，屋頂在過去多以野生茅草鋪成。

常見三種不同格局與砌法，第一種最常見，為一條龍、亂石砌的格局，特色是屋脊成一直線，有兩個門。第二種型式是單伸手、水平砌的方式，先將石頭打鑿成高度相當的石條，再一層層水平疊砌而成，牆面簡潔有序。第三種三合院式的人字砌法建築型式，面以加工過、大小等長的石塊斜倚約 45 度交疊砌成如「人」字。

石頭厝

延繩釣

白毛

南方舵魚、天竺舵魚和低鰭舵魚等皆俗稱白毛。春季是產卵季節，魚體較大。

鷹群

東北角是鷹群棲地，黑鳶、鳳頭蒼鷹等猛禽時常可見。

飛魚

3、4月後飛魚開始隨黑潮北上來到臺灣東部海域，開始進入飛魚季節。

萊氏擬烏賊

通常稱作軟絲，屬於洄游性的頭足類生物，每年都會回到東北角來產卵。

鬼頭刀

臺灣東部至南部海域都可以發現，經常追食海面的飛魚、水母、小卷等。

請問

里山怎麼走？

瓜子鱲
俗稱黑毛，春天是產卵季節。

石花菜
一種藻類植物，生長在臺灣北部海岸的淺海礁岩，卯澳的石花菜在春夏兩季採集。由於地球暖化、海洋污染、大量濫採等因素，目前在卯澳、萬里、瑞芳都有限制石花菜採捕。

斜紋蟹
生長在卯澳岩礁海岸及潮間帶，以藻類為食，春夏間為繁殖期。

麒麟菜
俗稱珊瑚草。與石花菜都是入春後開始快速成長。

貼壁蓮

竹筴魚

笠螺

龍蝦

一支釣

石鱉

海裡飛魚游著、天上老鷹飛翔、野地百合花綻放

3、4月間看到飛魚,後面一定有鬼頭刀在追。飛魚價錢日益攀高,除了做一夜干之外,做出的魚漿Q又好吃,1公斤已經喊價到70、80元,漁民若能大批捕撈,開春就是好年冬。

在地方創生遍地開花時,里長吳文益就提出「一日漁夫」企劃案,以祖先留下的舢舨船做為創生的工具。

吳文益神采奕奕地說,試想一旦有過跟魚拉鋸過,那經驗必定終身難忘,「魚釣上來,立刻現殺吃著最新鮮活跳跳的生魚片,保證是值回票價的體驗;還有,現在灣澳下面停了好幾千噸的竹筴魚,5分鐘就釣得到好多條。」不過,在漁船只能供漁業用的法令未鬆綁前,吳文益仍停留在構想階段。

不僅海洋生物資源多,卯澳的里海環境接近山林,一年四季看得到老鷹、鳳頭蒼鷹等猛禽鳥類飛翔在卯澳的上空。早年,漁村幾乎家戶都養豬養雞鴨鵝,鳳頭蒼鷹只要看到在埕仔腳散步的小雞小鴨,立刻俯身向下,瞬間就伸爪帶走小雞。

| 龍蝦 | | 在新北市公告的貢寮水產動植物繁殖保育區規定,卯澳至洋寮鼻距岸300公尺之海域,龍蝦殼長未滿20公分禁止採捕,並且禁止使用潛水器材採捕龍蝦,以及九孔、海膽和石花菜。 |

請問

里山怎麼走?

現在，漁村人家不再養雞鴨鵝，鳳頭蒼鷹等猛禽鳥類仍盤旋在卯澳境內，不時翻飛捕魚，不時展翅騰空在林間啄食小動物。當魚群多的時候，偶爾也在卯澳岸邊看得到海鷗成群集結的盛況。

三條獨立的野溪溪岸都有蓊鬱大樹遮蔭，靠近產業道路留下以往水梯田的砌石護岸，目前左岸仍種植著蔬菜。河邊有一棵被列入紅皮書的臺灣假黃楊。

卯澳有著亞熱帶的榕樹、楠木林，稜果榕、菲律賓榕、島榕、山林投、九芎、紅楠等，眾木本植物及爬藤，成熟的老林木鑲嵌在河谷間。

春天也是石縫冒出百合花的季節，滿山喇叭型的潔白野百合，香氣裊裊，讓人忘憂。

<table>
<tr><td>九芎</td></tr>
<tr><td>雀榕</td></tr>
</table>

三條野溪溪岸都有著亞熱帶的榕樹楠木林，稜果榕、菲律賓榕、島榕、山林投、九芎、紅楠等。還有一株被列入紅皮書的臺灣假黃楊。

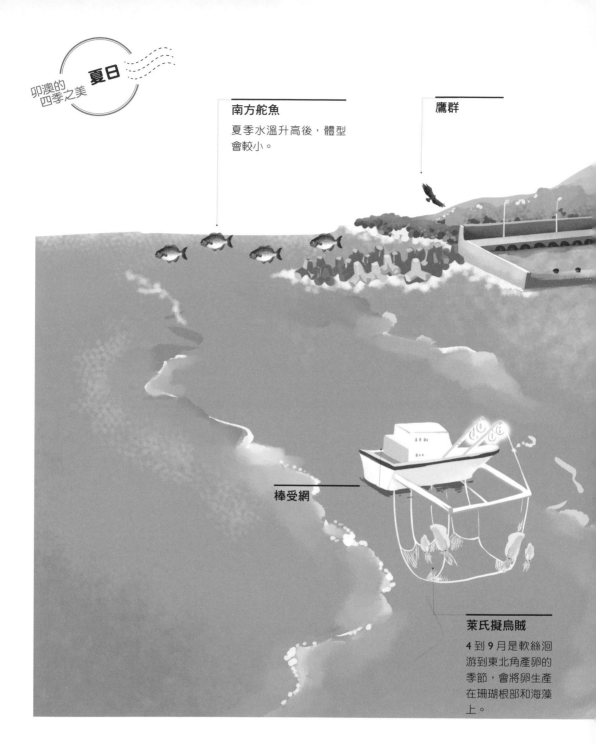

南方舵魚
夏季水溫升高後，體型
會較小。

鷹群

棒受網

萊氏擬烏賊
4 到 9 月是軟絲洄
游到東北角產卵的
季節，會將卵生產
在珊瑚根部和海藻
上。

請問

里山怎麼走？

瓜子鱲
夏天較少出現，捕食各種小型生物。

九芎、雀榕

海女
卯澳、馬崗仍保有海女、海男文化。海女（海男）指的是不配戴輔助呼吸裝置，潛入海面下採集蝦貝、潮間帶生物的工作者。

斜紋蟹
以藻類為食，春夏間為繁殖期。

貼壁蓮
夏秋夜晚開花。花朵成為當地食材。

竹筴魚

笠螺

珊瑚草、石花菜
夏季是石花菜、珊瑚草的採集旺季。社區廣場上到處鋪曬著石花菜、珊瑚草、紫菜。

一支釣

石鱉

龍蝦

真愜意！
日曬海菜、漁獲豐收、
步道納涼、九孔池游泳

進入夏季，時值採收海洋植物的季節，卯澳的資深海女海男們數十年如一日，頭臉包得緊緊的，戴上斗笠、穿著長袖、粗棉手套，腰間綁著尼龍袋，夏日烈日當頭，下水採石花。

在採集旺季裡，社區廣場上到處鋪曬著石花菜、珊瑚草、紫菜，乾燥之前的工序在搓洗與曬乾之間來來回回，光是石花菜就得處理七次，居民就在這些採收季裡，全身全心投注操持生計。

每次颱風登陸過境後，帶來的西南氣流造成海水溫度急遽下降，三條野溪注入暖水，讓魚蝦蟹可以避難在海灣內，還有食物可吃。本身是船長，又是養殖九孔的里長吳文益說到激動處，「一個颱風過後，游來 10 幾萬斤的魚，嚇死人了！」

颱風來臨時，海上密密麻麻的黑毛、白毛，吳文益分享當時里辦總幹事一撒下浮刺網，所有的魚都浮上來，根本拉不動，只好多帶幾個浮球，一船船載個千把公斤回村裡，再透過廣播：「福連里的里民有空，請來幫忙撿魚。」整個海岸邊幾萬尾的魚嗶啵跳，所有人都跑下去幫忙。

面海背山，卯澳山區早期的農作山徑已成為登山步道，供休憩用的多條山路可試山友的體力，踏上或短程或長程的路程步道。

請問

里山怎麼走？

其中的臺 2 線卯澳北橋坑內溪右側與卯澳派出所後方，沿途有巨榕樹、坑內溪瀑布、絲線吊銅鐘、293 觀景台等景點。樹蔭籠罩全程，縱使夏陽高照，行走在涼爽的林蔭間，沿途觀賞各種菌菇、爬藤植物，動物們的足跡，暑燥全消。

暑氣蒸蒸的夏日，卯澳還有一處祕密遊憩點——廢棄的九孔池。原本是一處海蝕平臺，以人工開鑿出一個方型海池，用來養九孔。

當九孔養殖存活率低，養殖成本不敷之下，這裡就成了夏天的親子泳池，吳文益說「邊玩水還可看到小丑魚、獅子魚以及各種小魚們悠游其中。」

石花菜
麒麟菜

石花菜是一種藻類植物，生長在臺灣北部海岸的淺海礁岩，卯澳的石花菜在春夏兩季採集。由於地球暖化、海洋污染、大量濫採等因素，目前在卯澳、萬里、瑞芳都有限制石花菜採捕。

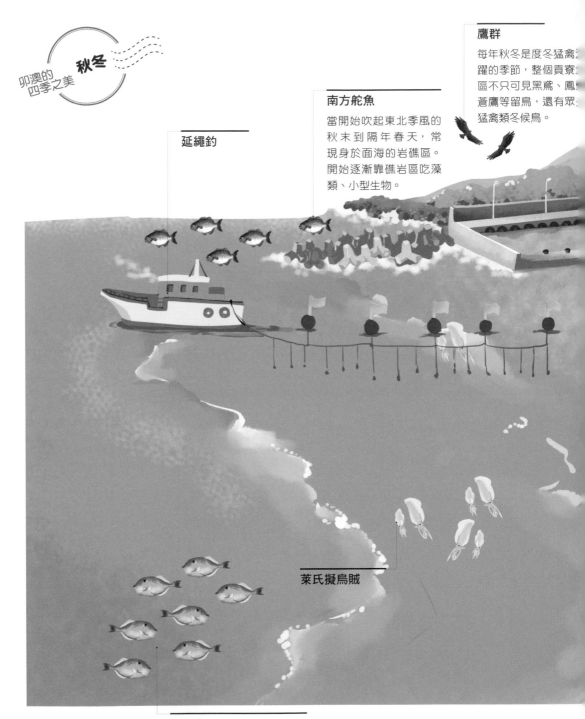

卯澳的
四季之美

鷹群

每年秋冬是度冬猛禽活
躍的季節，整個貢寮地
區不只可見黑鳶、鳳頭
蒼鷹等留鳥，還有眾多
猛禽類冬候鳥。

南方舵魚

當開始吹起東北季風的
秋末到隔年春天，常
現身於面海的岩礁區。
開始逐漸靠礁岩區吃藻
類、小型生物。

延繩釣

萊氏擬烏賊

剝皮魚

俗稱白達仔。近海底層魚類，
東北角秋冬魚體較大。

請問

里山怎麼走？

瓜子鱲
冬天以藻類 為主食，俗稱黑毛。棲息於深度 1-30 公尺的淺海岩礁區。

九芎、雀榕

紫菜
海女採收後，也放路邊曬乾。

貼壁蓮

竹筴魚

笠螺

紫菜

一支釣

石鱉

龍蝦

海裡漁獲、岸邊海菜都大豐收、卯澳三花更添漁村特色

開始採紫菜也意味著進入東北季風來臨的秋季，海女海男們與浪花搏鬥的風險大幅提高，紫菜曬得滿坑滿谷的卯澳，也開始捕獲黑毛、紅毛、白毛、竹筴魚、軟絲等高經濟價值的魚類。

躺岸邊的岩盤，當地人稱為「跳石仔」，地質多樣化，有岩石、岩盤、沙溝等。由岸邊往下看，大海是一座無邊無際的水族箱，坐在岸邊垂釣，看著漂浮如長髮般的紫菜、小杉菜、石鱉、笠螺、白底仔……。

卯澳自傲有三花，石花菜、貼壁蓮花、岩盤之美。其中之一的石花菜，卯澳人卯足勁開發它的各種食用法，例如冬天也將可以抗痛風的石花菜熬燉火鍋湯。

而另外之一花的貼壁蓮花 （又名霸王花）生命力極強，東北角從水濂洞到外澳等一帶海岸，貼壁蓮花都爬滿或匍匐在石牆石屋或大石塊上。這種看似火龍果或曇花的植物，據說是颱風季節或寒冬東北風強大時，漁民被困在港裡出不了海，貼壁蓮花常被作為取代蔬果的替代品，無論熱炒或煮湯都美味。

笠螺 石鱉		卯澳漁港側邊的岩盤，當地人稱為「跳石仔」，地質多樣化，有岩石、岩盤、沙溝等，紫菜、小杉菜、石鱉、笠螺、白底仔熱鬧非凡。

請問

里山怎麼走？

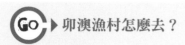 **▶ 卯澳漁村怎麼去？**

●大眾交通系統：

臺北車站搭往宜蘭／羅東濱海線的國光客運，坐到卯澳站或馬崗站下車。

●自行開車：

1) 中山高北上，八堵交流道下，走濱海，經龍洞－澳底－福隆－約 108.5 公里處福連國小。

2) 中山高北上，基隆下，經海洋大學，走濱海，經龍洞－澳底－福隆－約 108.5 公里處福連國小。

| 貼壁蓮 | | 常見於東北角從水濂洞到外澳等一帶海岸，在颱風季節或寒冬東北風強大，漁船無法出海時，居民會拿來烹食。 |

MORE　海洋生態保育全村動起來！

⊕九孔鮑魚的近親交配，讓漁產更陷入困境

卯澳灣位在大陸沿岸流及黑潮交會處，海流旺盛交流，上有群山流下來的三條野溪匯聚到出海口，淡鹹交會處讓魚蝦貝類、藻類豐富多樣。

但好景到了 1990 年代之後，號稱「九孔鮑魚之鄉」的卯澳，不敵廉價的進口貨競爭而衰頹，年輕人也逐漸外流。為了要提升本土競爭力，多數漁民將九孔鮑魚做「近親繁殖」。

10 年後，發現近親交配後的九孔鮑魚抵抗力更弱，在海洋垃圾日增、生物多樣性遞減等因素之外，更加傷害了漁業生態，也讓枯竭的海洋生態更形惡化。

⊕徹底改變過去趕盡殺絕的捕撈方式

卯澳漁村居民痛定思痛，從源頭改善力挽頹勢，除了推動護溪川行動，也由自發組成的「巡守隊」，改變過去的捕撈模式。

第一步是，依照法規禁捕體型過小且尚未繁殖後代的海洋生物。具體規範如：九孔殼要 6 公分以上、海膽殼要 8 公分以上、龍蝦 10 公分以上、石斑魚、竹筴魚、瓜

子鱲一定要超過 20 公分，才可捕撈，小於規格的都要放生。

第二步，漁民們也規範了漁網使用的共識，如自律不用三層網、流刺網等一次趕盡殺絕大小魚的捕具。

第三步，卯澳灣巡守隊也排班巡視，並撈撿海洋垃圾，漁民自發性保護海洋行動，深受肯定。

第四步，公部門也為提供巡守隊資源，並進行漁民教育，水產試驗所和海洋大學等學術機構，也在卯澳進行社區蹲點調查海洋生態資源。

這些自救自律行為，帶動了漁村年輕世代的海洋意識，漁村的福連國小每到畢業季節即會放流幼苗，巡守隊也藉由監控幼苗的成長，檢查外來潛水客的捕捉是否違規。

吳文益認為，臺灣民眾若有機會搭海釣船體驗，了解懷孕的母魚和多少公分以下的魚不得抓，日後在吃海鮮時將會有一定的概念，等於也參與了海洋的生態保育。

一支釣

貢寮區福連里卯澳至洋寮鼻距岸 300 公尺之海域，禁止以不是釣具類魚具的漁船進入作業。

綺麗生態的
咖啡山村

——遵循與萬物共存的相思林下咖啡

行駛於台 24 線，沿著三地門，過三德檢查哨，勇士雕像於社區
入口處翹首迎賓，握著駕駛盤的人開到這，習慣打開車窗，迎拂
來清風與滿路僻靜，路兩旁都是四處迸長、纍纍結實的咖啡，這
絕無僅有的咖啡樹綠廊道，悄悄告知已入德文部落。

這座典型的中央山脈原住民社區，以魯凱和北排灣為主要族群，
分布在德文巷、相助巷、上北巴巷、下北巴巷等四個小聚落。澹
泊處世的老一輩居民遵循著萬物共存哲學，不喜歡噴灑農藥和除
草劑，讓 2,746 公頃的聚落仍有股盎然的自然野地風情，連帶地，
鳥類、蜘蛛、蜂，以及相當多種類和數量的野生動物，悠遊在這
片土地上。

座落於屏東三地門鄉海拔 800 至 1,200 公尺，大姆姆山與大武山交界峽谷最高處的德文社區，東與霧台鄉隔著北隘寮溪相鄰，境內林班完整，屬於淺山闊葉林區，其中，相思樹、樟樹、楠木、血桐等樹種生長力旺盛。部落曾經是中藥材的主要採集地，當地種植的金線連品質數一數二，只是近年來式微，不再有需求以及經濟動能。

全境雲繞霧鎖，為極宜種植咖啡的高度。百年前的日治時期，日人上山踏查，見此處林野霧氣重重、晝熱夜涼，決定在當地試種咖啡，並由公學校（國小）校長帶頭教育學童咖啡農事操作，於是德文部落成了新興飲料作物的種植場域。

百年來，幾起幾落，都不曾間斷咖啡栽種，迄今仍保有 20 幾棵老咖啡植株。現在，當地的地磨兒民族實驗小學德文分校更開設咖啡特色課程研發、咖啡教室管理等課程，孩子們自幼就慣見咖啡，部落裡九成人口都與咖啡結上不解之緣。

超越！打造世界級的生態咖啡

友善土地的林下咖啡種植已儼然成為德文部落的主要特色，族人自許邁向全國典範咖啡山村、世界級咖啡山村。

族人在林下大樹間拓殖開墾，鑲嵌著粟黍旱田、果樹、咖啡樹、只取自家所需的友善土地耕作，不見大面積單一作物栽培，僅在兩、三分的土地上採取間作、雜作、輪作各種作物，種的咖啡也是林下經濟型的作物。

儘管以往在農事間，也進入林地打獵，在溪裡捕魚，補充蛋白質的攝取，但因為開發不貪多，迄今，仍未破壞小型哺乳類動物的棲息地生態，獼猴、松鼠、白鼻心、食蟹獴等都常在境內出沒，戴金英 Ina 透露：「牠們常跑來偷吃東西！也只能讓牠們吃呀！」

被納入茂林國家風景區範圍的德文，這一廊帶被稱為「紫蝶幽谷」，每年從 11 月開始至隔年 3 月，小紫斑蝶、圓翅紫斑蝶、端紫斑蝶、斯氏紫斑蝶等，群聚在一起越冬避寒。

大批紫斑蝶集中遷往大武山麓的山谷躲避寒冬，直到翌年春天才陸續往北飛，德文社區也見得到這些翅膀華麗璀璨的蝶影翩翩。

咖啡

咖啡樹種非常多，但作為生產咖啡豆主要為阿拉比卡與羅布斯塔兩種。德文栽種阿拉比卡，香氣和風味較佳，常會被作為單品咖啡。

咖啡採收到成為風味濃厚的咖啡豆，中間還要經過剝殼、挑選、乾燥、發酵，十分費工，每到秋天採收時節，部落都得動員投入。近來部落也推出咖啡採收體驗等各種 DIY 體驗。

請問

里山怎麼走？

以友善大地的咖啡山村自許

「德文具備景觀條件、文化多元、生物多樣性,還有編月桃與作獵刀的技藝達人,部落耆老更保存了 140 幾種民俗植物的利用知識,而隨處都看得到的咖啡樹更不是一個社區可輕易擁有的。」以林下經濟和生態旅遊陪伴德文部落的屏東科技大學森林系陳美惠教授如此說道。

陳美惠不諱言指出,眼中的德文部落極其可貴:「很多地方一種咖啡,就整山毀林,或是追求企業化經營,開始用藥,但德文的咖啡樹都處在森林邊緣的相思樹林下,非常讚。」

2019 年,農委會發布林下經濟經營使用審查要點,鬆綁森林副產品的生產,德文社區族人終於可以公開在林地養蜂、種植段木香菇。

作為部落青壯年輩意見領袖的包金茂透露,「部落一直想去衝撞林下經濟的綑綁,特別是在林下的土地種咖啡,但也連帶會衝撞高經濟的中藥材,如丹蔘。」社區的需求,加上公部門有意改變,促成了由林試所與屏科大攜手陪伴德文社區的計畫,擴大了德文咖啡示範田的基地,矮化咖啡樹,並調整林相。

德文老農夫們喜用友善大地的栽種法,作物賣相多半不佳,部落人常為賣不出去煩惱,陳美惠說,「期許德文咖啡成為一個林下咖啡示範區,然後他們也能善自管理,不隨意破壞森林,不過度干擾地被,讓德文打出獨特口味,成為一個友善森林的咖啡品牌,更希望德文部落的作法能成為全國種咖啡山村的學習對象,而我們也會努力把這個價值做出來。」

樹豆

小米

在春天 3 月，德文部
落會在小米田慎重的
展開開墾與播種儀
式。除了小米，也會
播下陸稻。

紅藜

部落會在春天播下
紅藜籽，4 個月後就
能收成。

桃樹

春天是花開季
節，枝頭開滿
桃色花朵。

紫心地瓜、紫莖芋頭

1、2 月份，就會先種下子莖
芋頭，種完主要作物後，則
在田邊種植瓜類、米豆、鵲
豆等。

臺灣油芒

在春天種下，和小
米混種，到夏天就
可收成。

蜂箱

竹雞

請問

里山怎麼走？

咖啡樹
過去日本人在德文部落大量種植阿拉比卡咖啡的歷史悠久，直到現在還有多株日本時期種植的老咖啡樹。

白鼻心

山豬

相思樹
德文社區林班完整，屬淺山闊葉林區，不只相思樹，樟樹、楠木、血桐等樹種也都十分繁茂。

食蟹獴

李樹
山坡上的李樹此時開滿白色李花。此外還有櫻、梨也盛開著粉色、白色的花朵。

刺鼠

小紫斑蝶
德文也屬紫斑蝶越冬的紫蝶幽谷，每年 11 至 3 月多種紫斑蝶在此越冬。

臺灣獼猴

小米田播種、
咖啡白花香遍部落

1、2月裡，才剛種完紫莖芋頭，山裡還帶著濕氣的早春，趕在3月雨季來臨前，族人忙於去年底燒墾過的田地上，展開所有農事最重要的小米田開墾與播種儀式。原住民認為萬物都有靈，小米是最敏感的靈，邊種邊念乞求小米靈的豐收，也播下陸稻。

涼濕空氣裡鶯飛草長，族人還得除草，種完主要作物後，田邊開始間種瓜類、米豆、鵲豆等，善盡土地利用價值，卻不過度。

3月的德文社區，間或在山坡上，簇簇開滿了粉色櫻花、桃色桃花、白色李花與梨花，都是往昔平地人上山央求族人種植的果樹，雖然未信守承諾持續採購，但族人仍保留這些果樹，每年逢春，滿山遍野的訊息都吐露在這些果樹的花朵裡，也成為生態旅遊解說導覽的重點景緻。

眼見成長快速的小米已垂下穗頭，開始結實。見獵心喜的麻雀和其他小鳥飛來啄食小米穗，部落老農夫每天凌晨5點起身，到小米田裡，搖起掛著一竹竿的鋁箔罐（自製嚇鳥器），鏗鏗鏘鏘地趕鳥，讓4月的小米收成有穀可收。

| 粟黍
小米 |  | 小米是原住民重要的民族作物，過去是部落的主要糧食，現在食用雖然沒有以前多，但是在各部落的傳統祭儀、文化生活，還是需要小米來釀酒、磨漿製飴、裝飾、或者作為儀式用品等。 |

請問

里山怎麼走？

身著黑絨鑲紫邊的雄斯氏紫斑蝶繞著花時停時飛，伸長喙採蜜。過去
12 月開的咖啡花，花開時間逐漸遞延到 3 月，但見沿著枝枒團團雪白
地往外開著，香濃直比茉莉，蜜蜂不落紫斑蝶之後，迅急把口器與蜜
囊組成一個小加工室勤採蜜。部落的 Ina 們也跟蜜蜂般忙於山中的田裡
畫線做畦，點播紅藜籽，等待 4 個月後的收成。

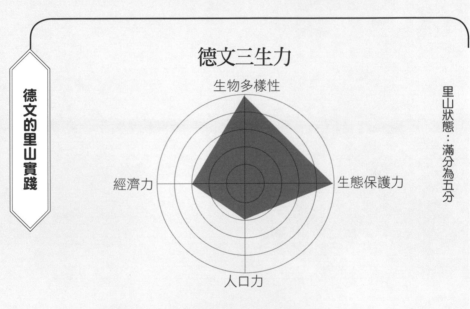

德文的里山實踐

德文三生力

里山狀態：滿分為五分

生物多樣性

生態保護力

經濟力

人口力

指標：（為以下條件綜合判斷）
- 生物多樣性：包含物種數量、珍稀物種出沒等條件。
- 生態保護力：包含棲地保存狀態、社區生態意識等條件。
- 人口力：包含社區人口數、年齡分布、社會結構等條件。
- 經濟力：包含生產與加工品產值、收益與期待之差距等條件。

德文的
四季之美　**夏日**

小米
夏天開花後開始結穗。每年小米收成之時，舉行收穫祭。並選出品質最好的小米留種用。

紅藜

桃樹
樹上滿是成熟的夏季水蜜桃。

紫心地瓜、紫莖芋頭

樹豆

蜂箱

綠鳩

麝香貓

請問

里山怎麼走？

咖啡樹
6 月是栽種咖啡苗的時令，居民會淘汰結果較差的樹，補種上新苗。

相思樹

食蟹獴

刺鼠

竹雞

李樹
紅肉李鮮豔誘人，部落老人家有空會順手採摘製作果醬。

山豬、獼猴、白鼻心
德文有許多種植許久不做經濟作物的果樹，果實成熟時都成為野生動物們夏日大餐。

生態總鋪師張羅了
澎湃葷素大餐

入夏的 5、6 月，原本蒼綠的斜坡上，點綴各種紫紅、粉色的成熟果實；
紅肉李、水蜜桃、李子及香蕉，這些 2、30 年的果樹已成老欉，部落
老人家有空偶爾順手摘點熬煮果醬。沒人要的熟果落了一地，肥了獼
猴、松鼠、白鼻心，連山豬也不客氣大快朵頤；愛吃發酵熟爛果肉的
獨角仙、鍬形蟲滿地啃食落果。

桑果、雀榕快熟時，綠鳩會出來啄食，族人會補捉來燉煮。而四季可
見的竹雞，也常是族人加菜的蛋白質。

6 月是栽種咖啡苗的時令，稍早前族人巡視咖啡樹，淘汰結果率較差的
樹，補種上新苗，等待 3 年後的收成季。

| 李樹 | | 紅肉李、水蜜桃果實在 5、6 月成熟。當地居民空暇才會採果製作果醬，多數果實成為獼猴、松鼠、白鼻心、山豬，甚至獨角仙、鍬形蟲的珍饈。 |

| 樹豆 | | 苦菜、山苦瓜、路蕎、赤小豆、樹豆、薏仁、紅高梁和紫地瓜等，都採旱作或粗放。 |

請問

里山怎麼走？

▶ 屏東德文部落怎麼去？

●大眾交通系統：

搭火車到屏東，換：

1）8227 屏東水門鄉公所線：屏東→長興→長治→崙上 & 份仔→德協→繁華→
　振興→水門→三地鄉公所。

2）8228 屏東份仔水門線：屏東→長興→長治→份子→德協→繁華→水門。
　可於水門或三地門鄉公所下車，換以下的線，進入德文：

　　1. 大社—德文線：三地門鄉公所發車→大社村（禮那里）→三地門鄉公所→達
　　來村→德萊公園→德文分校→北巴巷，單向里程約 21.8 公里。

　　2. 水門—高樹線：由三地門鄉公所→水門站→賽嘉村→口社村→185 縣道→山
　　下路→高泰國中→山下路→馬兒村→安坡村→青山村→青葉村→高樹國中→
　　高樹站，單向里程約 39.1 公里。

（以上相關訊息請於週一到週五洽屏東縣政府交通旅遊處，電話：08-7320415）

●自行開車：

國道3號高速公路—屏東九如交流道—九如—省道臺3線—屏東市—省道臺24線，
於三德檢查哨（早上6點開放）過後在臺24線 27.4k 左轉往德文部落，登山口位
於屏 31 線 7.8k 德萊公園，有停車場（免費）。

| 刺鼠 | | 臺灣特有種，棲息在森林、或森林邊緣處。 |

桃樹

紫心地瓜、紫莖芋頭

樹豆

為原住民傳統食物，
大約在每年 11~2 月開
花結豆。

竹雞

請問

里山怎麼走？

相思樹

白鼻心

山豬

咖啡樹

大約 8 月後咖啡已結出
櫻桃果，等待紅透即可
採收。9 月後進入採收季
節，咖啡採收、曬豆需
要大量人力，幾乎社區
全員投入。

食蟹獴

李樹

小紫斑蝶

臺灣獼猴

飽滿多汁、成熟香甜的咖啡果實，麝香貓最知道

莫拉克風災之後，德文部落的自來水輸送管線中斷，農耕、生活與飲食用水全仰仗山泉水，所幸部落種植的作物如：苦菜、山苦瓜、路蕎、赤小豆、樹豆、薏仁、紅高粱和紫地瓜等，都採旱作或粗放，不太需要灌溉水。

豆類與穀物進入秋收期，夏末 8 月迄秋交界的 9 月，族人動手挖起熟芋頭；同時，咖啡已結出櫻桃果，待紅透即可採收。有趣的是，動物也趕來先檢驗作物的熟度，在刺鼠出沒的山林間，罕見的麝香貓捕捉刺鼠，也特別會挑食起最飽滿多汁、成熟香甜的咖啡果實。

這時候部落老人家忙著以山泉水沖洗咖啡豆、曬豆、篩豆，中有空包彈的務必挑出來，中壯年輩則處理咖啡發酵工作，打工換宿的都會人身影讓寂靜山村有點兒人氣。這般忙碌的景象與著名的德文八景——天鵝湖、情人湖、天虹瀑布、觀望山、蝙蝠洞、大石橋、古石城和大榕樹，隘寮溪溪水、排灣族的石板屋牆、桌椅和圖騰等傳統文化，並列入德文生態旅遊的一部分。

蜂箱		2019 年起開放林地在「苗圃」、「造林」，可以申請「林下經濟」用途，德文居民也投入椴木香菇、金線連、林下養蜂的生產。

請問

里山怎麼走？

M O R E　　**德文的明日之星：臺灣油芒！**

在德文部落的相助巷發現臺灣油芒的穀穗，於是，中央研究院花時間、經費做了基因定序，確認為臺灣原生種作物。這一天，部落老村長柯大白和中央研究院植物所研究助理徐子富在秋日裡勘查農地，準備種植小粒穀類作物臺灣油芒。

如此一來，豐富了生物多樣性的保育，而且它耐旱抗蟲、無需太多照顧即可收成，尤其富含抗性澱粉，對於擔心過重的現代人，堪稱福音。

在氣候異多變，地球環境逐漸惡化下，臺灣油芒即將成為德文另一個蓄勢待發的產業。

紫斑蝶

紫斑蝶是熱帶的蝴蝶，冬天時會來到南臺灣溫暖的山谷避冬，目前全世界的兩個最大型的越冬蝴蝶谷，一是墨西哥的帝王斑蝶谷、另一個就是臺灣的紫蝶幽谷。紫蝶幽谷不是一個地名，而是斑蝶類群聚越冬的生態現象，在臺灣就有超過 30 處紫蝶幽谷。

臺灣紫斑蝶每年大規模遷移：約 3 月至 4 月清明節前後有一批北移，新羽化的紫斑蝶則在約 5 月至 6 月端午節前後往北飛，約 9 月至 10 月國慶日前後，開始出現的斑蝶遷移蝶道，準備群聚南臺灣山谷越冬。

多重滿足！
體驗原鄉生態旅遊和獵人智慧傳承

德文部落居民忙於四季的農林漁獵之外，也規劃出體驗式的生態旅遊行程。夏季山上的氣溫比平地涼爽，且值暑假期間，正是生態旅遊的相對旺季，由熟悉部落傳統文化的 VuVu（排灣族對老人家的稱呼）帶領遊客，透過客製化的行程內容，認識德文社區的前世今生，讓來客享受城市所欠缺的深度生態旅遊。

⊕滿足1：感受原住民生活智慧

社區安排各式體驗行程，先走逛石板屋，了解石板窗、屋頂的設計原理，其中仿自百步蛇的鱗片屋頂，工法精妙能在雨季時，讓雨水順著鱗片外緣流，避免屋內漏水，石板屋住起來，夏涼冬暖，飽含了原住民的傳統智慧。

認識野菜到吃野菜，透過 VuVu 的帶領，訪客參與野菜採集與烹調，學習原住民的山野生活智慧，辨認可食用的植物，也在大地餐桌上直接享用這些野菜。

德文社區的民族植物利用得淋漓盡致，生態旅遊行程中也納入「民族植物與生活應用」，由部落工藝師帶領遊客取得月桃編的材料，並自行製作出自然味十足的月桃飾品。

⊕滿足 2：見習獵人守護山林的智慧

往日，社區的原住民男人都得上山打獵，每位獵人都有一套自己的設陷阱方法，一上山無分晴雨就是一段時間，遇到下雨天都要自行搭建獵寮以及報信台，獵取到獵物後，立即通知族人。帶遊客走獵人步道，讓外地人了解原住民的狩獵智慧，不僅不會破壞生態平衡，反倒建立起守護山林的平衡作用。

例如「部落巡禮」是讓遊客理解過去德文四個部落的歷史，尤其特別的是在從溪畔上來的德文社區入口，有棵百年歷史的雀榕母子樹地標，據聞早年族人出草獵取人頭懸掛之處，在一入口就對外人起威嚇作用，也顯示自己族人的威猛。

⊕滿足 3：採收到沖泡的完整咖啡體驗

進入咖啡產地的德文務必來一趟「咖啡體驗」，在地咖啡職人帶領著採收咖啡，親身觀察咖啡的優劣品質，包括：去殼、去銀皮、烘炒與沖泡過程，親自泡一杯濃醇香的咖啡。

【Let's go！】德文部落小旅行

https://reurl.cc/jdVqn1

預約生態旅遊服務，預約窗口電話 0939-181976 杜小姐

水雉與菱角共生的
生態濕樂園

——生態復育成功指標：水雉、菱角來當家

水雉生態教育園區位於臺南市官田區，濕地範圍在縣道171、南64與南65所構成的三角形區域內，是一塊湖泊型態人工濕地，因水雉保育而成立，也是知名補償型濕地，為了彌補經濟開發等造成濕地的損失，另行營造的人工濕地。

指著塘裡的印度莕菜和觀音蓮葉上的公水雉，園區主任李文珍有點憂心地說：「今年雨太多太大，那隻公水雉還是打算在這邊築巢，大概再隔一、兩周就又有巢出來了，但一直都失敗。」占地15公頃的園區，園區工作人員幾乎都認得每隻水雉，也了解牠們的動態。

通常分布在熱帶和亞熱帶、性喜溫暖地方的水雉，「臺灣已經是牠們會停留的最東北邊。許多地方有水雉，但他們沒有看過冬羽。而我們這邊是留鳥，臺灣算是最北邊有繁殖的。」

「以前可以孵出4隻的機率很高，現在大概都孵2到3顆蛋而已。」曾經遍布全臺灣的水雉棲地不斷地被限縮，李文珍秀出一張北部最後的水雉圖，「什麼時候消失我們都有調查出來，最後就剩官田，經過這些年復育，現在北部也有，嘉義、高雄、屏東、東部也看到水雉身影，就是從我們這裡飛出去。」

水雉愛菱角！那是築愛巢的最好選擇

一妻多夫的水雉，一年四季的生活樣態幾乎與菱角的榮枯連在一起。

「菱角是最密的浮葉性植物，水雉就是要站在浮葉性植物上覓食、求偶、繁殖，當菱角葉長得密的時候，就很像一朵一朵高麗菜連結在一起，巢基最穩。」水雉築巢下蛋最怕蛇、烏龜、泰國鱧等這些掠食者，李文珍說，「尤其長得很密的時候，底下的掠食者像泰國鱧不容易跳上葉面，泰國鱧會攻擊水雉，造成繁殖失敗。」

雜食性的水雉既吃種子也吃昆蟲，還會幫忙吃水田裡的小顆福壽螺，每年 4 到 9 月築巢於浮葉性水生植物，母鳥一年繁殖季最多可下到 8 窩蛋，每窩約 4 個墨綠色的蛋，主要由公鳥照顧孵化的雛鳥。

李文珍巡視著濕地說：「這邊本來應該會有兩巢出來的，可是看起來好像都被蛇吃掉了。每一塊棲地都有每一塊棲地的問題，都需要依照棲地狀況去調整。」

目前承接並執行水雉生態教育園區的經營與管理為台南市野鳥學會，水雉的動態與數量則成為園區工作人員心心念念的焦點，連水雉間爭風吃醋，母水雉有了第三者，氣得孵蛋的公水雉把蛋扔掉；兩對水雉吵架，這家公水雉跑去跟那家母水雉撒嬌的動態，都變成工作人員口中的「八卦新聞」。

負子蟲

菱角田怎麼種學問大，無毒最優先

官田農夫採用的水稻與菱角輪作，也是一種人為所創造的良好生態。

通常在農曆年前後種植一期稻作，5月底6月初收割後，開始種植菱角，在一期稻、一期菱角輪作下，反而可以避免單一作物的病蟲害。

李文珍就說：「如果全部都是菱角田，一旦染上病蟲害就全部沒了。我們曾經就看過一塊田，怎麼施肥，怎麼用盡各種藥處理，都沒有用；每天去看，就每天看它一直縮小，到最後就變成全部一片都是水。」

園區裡的植被也是多樣性的，絕對不能用農藥的官田濕地，充分運用植物之間的忌避，或採取人工徒手摘除。

「但如果種錯了，就像是荷花跟觀音蓮。我們不敢用機械下去翻土，都是人工去除，只要小小的塊莖,就又長成一片。」濕地工作人員發現，池裡長得到處都是的觀音蓮，「水雉不太喜歡用，我們需要拔掉，可是觀音蓮根定植很深且長好幾層，即使冬天除過一次了，只要有一個芽就會長出來，很難拔。」

後來，他們發現水雉願意使用印度莕菜，遂種植印度莕菜來排擠觀音蓮的生長空間。

水螳螂

面對氣候異常、人類抉擇，
水雉也要自助人助找出路

地球暖化與氣候變遷，也影響到水雉的每年 5 到 9 月築巢的繁殖期。冬天逐漸消失時，一般來說 5 月換羽後才交尾，2019 年幾乎是沒有冬天，濕地人員觀察到水雉在 3 月連換羽都還沒換羽，就在交尾了。

「臺灣已變成熱帶了，以前都到 5 月才看得到牠們。這年特別提早占領域交尾，4 月中旬就下蛋。」李文珍轉述官田氣候異常現況，「這一年滿慘的，天氣比較熱，棲地競爭超級激烈，所以牠們很早就各自占了領域；6、7 月又開始一直下雨，都沒有停過。」

每兩、三天就下雨，也影響到水雉築巢，繁殖率必然會下降，「但牠們還是一直積極想要找地方築巢。從這些植物、動物身上學到，不管發生什麼事，一樣要努力地生活。」李文珍分享生命會自己找出路的真實故事。

12 月菱角採收後，農夫們將水放掉，整座田枯萎，而過了繁殖期後，水雉不再有地域性而聚群。菱角田較泥濘不適合以農機具翻耕，農夫們會採行撒稻種的直播法，為防止野鳥啄食而一一浸泡農藥，導致鳥類大量死亡。

這也是官田濕地不斷說服農夫採取有機種植的理由，李文珍坦承，要說服農夫做有機種植，還是得找到農企業願意保證保價收購，「里仁的福業公司來跟農夫談，之後就是你有多少，我就收多少。但還是不夠成本。」

請問

里山怎麼走？

黑翅鳶

李文珍透露，有一次去農夫家聊天，被農夫家女兒痛罵！這女兒說：「明知道這是虧本生意，你們是笨蛋嗎？為了那幾隻水雉，值得嗎？我們家如果沒有做西瓜綿的話，全家可能要喝西北風呀！是做辛酸的是不是？」罵完之後，李文珍就問這位農夫說：「唉，你還要做嗎？」農夫回答說：「做啊，就答應人家了。」

但還是有好事。李文珍開心地說：「我們很多的客戶就直接找農夫訂。農夫的服務、接單、送貨等各方面都做得很不錯。企業也願意採購，逐漸讓有機農夫收入比較穩定一點。」現在的模式就是，「農夫哪天要開採，一告訴我，我馬上去 call 單。」

李文珍等人多年來的復育，讓官田濕地連帶涵養了野鴨、紅隼、水雉、彩鷸、燕鴴、黑翅鳶等珍稀物種，鳥飛葉長紅菱點點，形成一個非常觸動人心的地景。

老農夫答應採取友善農法，老天爺已經用另一種形式做報答了，那就是充滿無限生機的水雉生態濕樂園，到了 2019 年全臺統計的水雉已有1,700 多隻。

紅隼

燕鴴

凌波仙子施法術，臺糖農場變濕地！

⊕高鐵工程催生水雉生態保育區成立

1990 年，高速鐵路（高鐵）著手籌建，但因高鐵所規劃的路線會經過德元埤，這是被稱為「凌波仙子」的水雉重要棲息地之一。

1998 年，環保署依循高鐵環境影響評估的結論：「需另行提出水雉的保育計畫，否則高鐵不予動工」，於是通過「高速鐵路水雉等保育計畫草案」，強調「應完成 15 公頃棲地租用事宜後，該路段始得動工。」

聽取環保團體的建議，選擇臺糖官田農場的 15 公頃土地做為復育區。當地的菱角產業已是百年產業，與水雉之間也已形成一個生態地景。百年所流傳下來的文化，塑造一個極平坦寬闊的菱角濕地農業形態。

多年後，官田濕地復育水雉有成，也開始推動公民教育。自 2015 年起與農委會合作，將工作人員的冬季調查發展為公民科學的調查模式，邀請有興趣的社會大眾也能參與。

官田的里地實踐

官田三生力

里山狀態：滿分為五分

指標：（為以下條件綜合判斷）

- 生物多樣性：包含物種數量、珍稀物種出沒等條件。
- 生態保護力：包含棲地保存狀態、社區生態意識等條件。
- 人口力：包含社區人口數、年齡分布、社會結構等條件。
- 經濟力：包含生產與加工品產值、收益與期待之差距等條件。

GO ▶ 臺南官田水雉生態教育園區怎麼去？

自行開車：

- 從一高系統：（三選一）

1) 從一高接84東西向快速道路（往東～～玉井的方向），到西庄交流道下接縣道171往社子方向（往東邊），到24K處左轉南64往「隆田」方向，再往前開約800公尺就到水雉生態教育園區（園區位在右側）。

2) 從一高下麻豆交流道，往麻豆市中心方向，到「阿蘭碗粿」的路口，直走縣道171到24K（會經過西庄交流道）處左轉南64往「隆田」方向，再往前開約800公尺就到水雉生態教育園區。

3) 同上，從一高下麻豆交流道，到「阿蘭碗粿」的路口，左轉縣道176往「隆田」方向，過「葫蘆埤」到「隆田國小」的路口右轉，直行南65至南64交會路口右轉，再向前行就可到達水雉生態教育園區（園區位在左側）。

- 從二高系統、臺1省道：（二選一）

1) 從二高接84東西向快速道路（往西～～一高的方向），下西庄交流道接縣道171往社子方向（往東邊），到24K處左轉南64往「隆田」方向，再往前開約800公尺就到水雉生態教育園區（園區位在右側）。

2) 從臺1省道（307.7K）轉縣道171（往西邊），經過「渡子頭」、「拔子林」兩個高架橋後，到24K處右轉南64往「隆田」方向，再往前開約800公尺就到水雉生態教育園區（園區位在右側）。

官田的
生態之美　菱角

菱角田豐富了植物生態，
更成為特殊的文化地景

這一個少見的菱角農業形態，有別於水稻農業形態，它孕育了豐富多元的生態系統。菱角葉柄膨大如氣囊狀，支撐葉子浮在水面上，菱角的莖上長著許多的鬚根，同時提供很多水生昆蟲良好的棲息與躲藏，讓整個水下世界蓬勃蘊藏豐富的生命力。

李文珍指出：「菱角田底下有很多生命像負子蟲、水螳螂、紅娘華等，一些很特別的小蟲也都是在這生活。」這特殊的地景，加上每年的菱角採收，每年元月開始種菱角，5月開始採收這四角菱的農作型態，給予水雉一個很關鍵的庇護所。

描述那樣景象，李文珍道：「兩角菱就是一期稻作一期菱角，前面的稻子結穗收割之後就變成採收兩角菱，你就會看到很多農民跪著採收。採收的景色也是跟人家不一樣，就形成了很特殊的文化地景。」

採收後，官田村裡一群群農民聚集在一起剝菱角，剝了之後再運送出去。形成一整個的菱角產業文化。菱角的產業文化，恰好也蘊含了可以讓水雉在此地安生立命的意義。

紅娘華

菱角

請問

里山怎麼走？

水雉，就代表了里山的生態、生產、生活！

⊕ 良性循環的水雉米、菱角田！

官田濕地為了讓願意配合的農夫繼續有機耕種，也不斷設法把米推銷到企業去，水雉米和菱角讓買回去的人都覺得很好吃，逐漸形成一個供需循環。

李文珍說，「大家數鳥時，碰到農民，都會跟農民溝通，推廣風扇驅鳥裝置，勸農夫們不要將稻種浸泡農藥，保持土地的健康安全，讓人鳥能和諧共存。」

穩定農夫的生產與生活之外，水雉是足以代表的一個旗艦物種，「我們必須保護牠，就必須保護牠底下的生態。因為水雉，所以也保護了整個產業。」李文珍相信，這一切構築了很特別、值得讓人們去保護的生態地景。

每年看到小水雉破殼而出，長足如凌波仙子般裊裊行走於菱角田上，再也沒有比這景像更能說明里山的必要了。

水雉

逆轉勝的濕地生物
多到要誇讚

——地層下陷後的生態伊甸園

成龍濕地，位在雲林口湖鄉北港溪支流的牛挑溪畔，清朝到日治時期為北港貨物的主要集散地，在從事農漁業的居民期待後代成龍成鳳的心理下，於 1948 年改名為「成龍村」。

但在地勢低的成龍，灌溉的淡水不易得，農家長年習慣抽取地下水，愈抽愈深之下，1986 年的韋恩颱風以及相隔 10 年後的賀伯颱風夾帶了豪雨，海水倒灌先後淹沒了當地的農田、祖墳、公祠，20 餘年來無法耕作，日積月累成了鹽分沼澤地，種不了田的地只好改做魚塭。

這座全臺唯一因為地層下陷加上海水倒灌所造出的濕地，於 2005 年林務局雲林縣政府合作「成龍濕地生態園區經營管理示範計畫」，透過租地保育模式，將約 60 公頃廢耕農田，以 10 年來打造成「濕地生態園區」，讓土地長期喘息，營造野生動植物的棲息地，恢復生機。

計畫歷經 4 年，生態保育上頗有成效，卻仍無法扭轉人口外移、聚落過於稀疏，以及居民共識如何凝聚等困境。林務局遂於 2009 年邀請觀樹教育基金會進駐社區長期陪伴，讓全村動起來，人人都有保育意識，也能讓留在當地的居民看見家鄉的優點。

里海實踐力！居民生計與教育扎根並進

環境改變了，人也必須改變，該計畫先以成龍國小的學童與家長為對象，再透過成龍濕地國際環境藝術計畫及漁網學程（台語諧音「希望學程」），擴及並邀請村內長輩參與。同時對已經鹽化的土壤進行土壤再生計畫及社區空間改造等工作，著手準備示範養殖區。還在 2012 年開辦社區環境解說讀書會，培育社區居民規劃及執行導覽解說方案的能力；這一年，租用並改造示範魚塭計畫也上路。

對慣以抽地下水農耕和養殖的成龍居民，必須讓他們親眼看到不抽地下水的養殖確實有生產效力，觀樹教育基金會與嘉義大學水生生物科學系投入藻水相關研究，並於 2014 年改進實驗魚塭的設計。在水漫之處，則配合雲林縣政府啟動高腳屋示範民居計畫，朝「成龍濕地環境學習場域」邁進，創造出生態、生產與生活合一的里海新面貌。

為了改善成龍村過去的只顧生產，忽略生態，觀樹基金會更邀請當地居民齊手種植五梨跤、草海桐、欖李等濱海原生植物，並參與自然資源調查與監測等生態記錄工作，荒田翻身成生物多樣性的濕地環境，吸引了鳥類紛紛佇足。

以成龍國小為據點的多樣式環境保護行動，還成立課後社團「成龍濕地偵探社」，藉由學校深入社區，引導學童與父母祖輩三代共同參與濕地環境保護行動。

蚵仔

生態恢復了，生活多采多姿，最關鍵的生產則還待假以時日，不抽地下水養殖的「成龍濕地鳥仔區生產班」，2015 年由觀樹基金會培力當地養殖戶成立；但 2018 年示範魚塭整體養殖收益不佳，誠如林務局林華慶局長所說：「產業成為規模經濟需要很長一段時間。」

觀樹基金會整理歷年的執行狀況，期許在其中找到改進的方向，鍥而不捨，但願生產收益能讓居民樂業安居，使這片位於雲嘉南易淹水區，既能提供生物棲息，具備調節水位、微氣候、涵水、滯洪等功能，更能開創出供應居民生活所需的產業，讓成龍成為里海的典例。

番外篇

MORE

超酷！環境＋藝術的濕地教育平臺

成龍濕地上常見以竹子、蚵殼、貝類、漂流木、麻繩等材質所紮的各種大型裝置藝術作品，這是舉辦 10 年的成龍濕地國際環境藝術節的成果。透由每年的活動，凝聚了老老小小的居民，也擴大視野；在成龍國小舉辦揭幕儀式，由小學生宣布當年主題，而來自國際與本土的藝術家，則與當地居民合作，就地取材、共同創作，並引介後續交流等。

藝術節在 2019 年重新歸零，將多年來藝術家帶給居民的技能深植社區，促使藝術也成為社區產業，以一場村民藝術家的培訓為第十屆主題。歷經 10 年，成龍居民已對整個過程熟門熟路，藝術節儼然是引領社區居民與社會大眾關注濕地環境議題的絕佳平臺。

生態寶山！
魚蝦蟹貝種類超多、
候鳥愛到成了留鳥

夏季濕地鳥鳴此起彼落，紀燕鷗和蒼燕鷗等夏候鳥翩然抵達，鷺科為當地的優勢鳥類，繁殖季節可觀查到大、小白鷺及黃小鷺、栗小鷺等行蹤。甚至有些原本是候鳥，竟然停留在四季的成龍濕地，當地就曾留下高蹺鴴成功繁殖的記錄。

冬季鳥況最是熱鬧，雁鴨與鷗科等候鳥大舉出沒，其中最常見的有鷗科的紅嘴鷗及黑腹燕鷗，雁鴨科的赤頸鴨、琵嘴鴨及尖尾鴨、鷸鴴科的青足鷸及濱鷸等；連保育類的黑面琵鷺、小燕鷗、黑嘴鷗、紅隼、彩鷸、短耳鴞等也不缺席，2019 年 11 月更飛來極罕見的冰原小天鵝，讓成龍濕地成了極易親近的賞鳥據點。

鳥類來棲，自然也有鳥類食源的魚、蝦、蟹、貝等水生動物等活躍生長；濕地的水中生態有：吳郭魚、大肚魚、鰕虎魚、帆鰭摩利魚和大鱗鯔等；還有豆仔魚、比目魚、赤翅仔、烏魚等鹹水性魚類；而消失於野外多年的青鱗魚，也曾重現於當地。同時，許多螃蟹也常在靠近濕地水閘門的泥灘沼澤地現蹤影；蝦類則分布於淺水區及近水閘門處，最常見齒沼蝦及刀額新對蝦等兩種。

周邊漁塭以養殖文蛤、臺灣鯛、虱目魚、白蝦、草蝦等為主，為鹽分沼澤帶來豐沛的營養鹽。扭轉了地層下陷區域的劣勢為生物資源飽滿的生態寶山，堪稱臺灣首例。

白蝦

文蛤

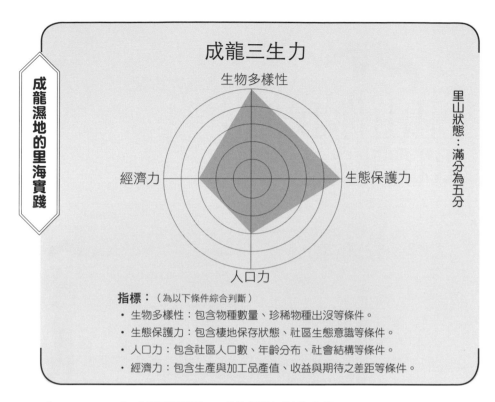

成龍濕地的里海實踐

成龍三生力

里山狀態：滿分為五分

生物多樣性

經濟力 ── 生態保護力

人口力

指標：（為以下條件綜合判斷）

- 生物多樣性：包含物種數量、珍稀物種出沒等條件。
- 生態保護力：包含棲地保存狀態、社區生態意識等條件。
- 人口力：包含社區人口數、年齡分布、社會結構等條件。
- 經濟力：包含生產與加工品產值、收益與期待之差距等條件。

【Let's go！】「蝦董帶路」成龍濕地參訪之旅

以成人團體為限、每梯次人數限 20 ～ 25 人。

◎活動洽詢：04-2230-4611 洪小姐

如需預約成龍濕地導覽解說服務，請填寫線上表單：https://goo.gl/forms/uo1jVEKzDLhob4Fd2

 ▶ **成龍濕地怎麼去？**

• 自行開車：

中山高雲林系統接臺 78 線往西，接濱海快速道路台 61 號往口湖方向，下口湖匝道後接台 17 線行經宜梧至成龍村，轉縣道雲 144 可抵達成龍濕地。

• 大眾運輸：

嘉義客運「北港－金湖線」，在成龍站下車。

Chapter 3

里山你我他：
既體驗也參與

⊙以行動支持里山，我可以！

　——吸引消費者支持、採行社區支持型農業穩定支撐

⊙體驗里山、學習里山，我可以！

　——採取吸引人進里山、導引里山進都會的同步策略

⊙成為里山守護者，我可以！

　——成為里山返鄉青年、學術研究者、NGO 夥伴等

9 以行動支持里山，
我可以！

⋮
↓

**消費者支持、穩定社區農業，
能讓里山生生不息**

——

這 10 年來，加入里山倡議的會員組織已有 260
個，似乎愈來愈活絡。

談到里山、里海時，人們的印象有兩類：一個
是傳統的美好生活，另外一個則是蕭條的「限
界部落」，農村人口大量外移、高齡化，導致
這些地方幾乎無以為繼，而日本這樣的隱憂感
受最為深刻。

把大自然交還，生物多樣性就會回來？

物種入侵、氣候變遷，對陸域、海域所造成的傷害，以及過度開發所造成的污染，探討里山發展問題不免都會談到這些議題；此外，日本提出「使用率過低」的困擾卻從不曾在臺灣被提起過。

過去的保育觀念是「原野地保護」，擔心過度開發。李光中指出，「害怕人的影響，認為只要把人的因素排除了，大自然就可以幫你照顧到最好，基本上就是交還給大自然。」

日本雖然努力經營里山、里海，農村和漁村，仍因沒有年輕人投入、缺乏勞動力去使用這些土地，造成農業、林業步步邁向衰退。

李光中憂心地說：「居民的生計無法維持之外，生物多樣性也降低，許多人都不知道適度人類參與勞動，才會讓棲地更多元化，生物才能更多樣性。」

日本會憂心「使用率過低」這個問題，因為牽連包括了生產出來的物產，是否有足夠的消費者可以支撐？甚至當採行社區支持型農業，是否能讓當地居民有長期且穩定的收入？

知寶、惜寶、產寶、展寶

當大學社會責任（USR, University Social Responsibility 的縮寫）已逐漸成為高等學府的主流意識，同時，研究里山、林下經濟到生態旅遊的大學老師也都嘗試營造種種機會，帶著大學生們與鄉村地區、社區、部落互動，扮演起連結政府部門與在地社區的中繼角色。

李光中指出，「當所謂的知寶、惜寶、產寶，一起和在地人盤點當地到底有什麼寶貝？」接著，適度地展現它，「知道是寶貝，更會守護它，可能是種出來的作物，可能是生產地景的經營，促使它環境友善，為產品加值。」

經過一段時間，會慢慢有自己的故事，再培育當地區居民，自己來解說這些東西，也可以透過經營民宿、餐廳等平臺來展寶。

「總之，就是讓居民成為在地的主人，這些相關活動當中的物產與服務更需要從都市來的消費者、訪客體驗參與。」李光中分享一般人要如何與里山產生連結。

咖啡樹開花

請問

里山怎麼走？

責任生產，責任消費，讓里山生生不息

基本上，都市人都可成為支持里山社區的綠色消費者，例如在網路平臺上，購買貢寮的森林蜜、平林米，官田的綠保菱角，德文部落的咖啡，石梯坪的米與飛魚乾等，李光中說，「最歡迎的就是直接來拜訪體驗，相對地，也要有準備好的社區，可以面對訪客，悉心解說接待。」

以生產咖啡為主要副業的德文部落，日治時期就有農業實驗學校與農業示範區，山區適合種的樹種早在百年前就規劃種下相思樹、油桐樹等，例如香茅草工廠都還完備，當年帶來現代化的知識，也把咖啡帶來此地。部落裡還有許多野生中藥材如骨碎補等蕨類，以及野生和人工種植的愛玉。

當地意見領袖的包金茂指出，日本研究里山的中村伸之、大森淳平、中川雅永等學者曾拜訪臺 24 線的原住民社區，讚嘆德文部落根本就已經是里山了。

德文部落過去不曾剷平大批山坡地種植咖啡，減少危害水土保持的潛因，也不曾過多的建設，如野溪整治、開挖登山步道等大型人工工程，動物的棲地因而未遭到破壞，讓德文部落保持一個充滿自然風味的社區，山豬、麝香貓、獼猴等動物不時可見，「因為我們的山林還有非常多野生動物的食物，像金剛櫟等，並沒有瀕臨絕種的問題。」

這樣的部落正如同屏科大教授陳美惠說的：「非常珍貴。」十分值得都市人以實際且持續的消費力量購買當地咖啡，同時也間接支持了相

對保留原貌的社區，包金茂說，「否則就只停留在一級產業上，無法讓社區年輕人留在社區。」

這些適度友善大地開發的地區，無形中以人為恰當的擾動，反而實現社會與自然和諧共生。如果能夠透過都是消費者以支持型的綠色消費，促使他們穩定經濟收入、增加工作機會，不僅提高了生物多樣性，也等於為年輕人打開一條留在家鄉的誘因，更為里山地景的維護困境找到一條可行的路。

相思樹

請問

里山怎麼走？

「重返里山」影片，
彰顯了農村日常的價值

2017 年，「重返里山」紀錄片得到第 50 屆休士頓國際影展（WorldFest Houston）白金獎、美國國際最佳短片競賽（Best Shorts Competition）最佳紀錄片。

影片主軸為苗栗通霄的田鱉田，述說高速公路通車前後的 20 多年間，這塊土地上人和環境的變化，生活在淺山的人、生物和土地彼此間的關係，因為道路開通而疏離，到再度發現消逝多時的大田鱉而重新凝聚。

這部紀錄片紅極一時，讓田邊多了不少陌生人來閒晃，粉絲頁也不時收到各類詢問訊息。

負責經營網路的年輕人很直接把農村裡的狀況敘述給社會大眾理解，當地淺山就是臺灣鄉村常見的水稻田、灌溉水池和溝渠等水路，竹林、相思林、農舍而已。而野生動物的石虎和大田鱉，不會輕易讓人看見，農村的日常有的是人如何學習與土地相處的里山環境。

但這些尋常無比的事情背後有許多故事，沒有當地人帶領體驗與說明，不僅將敗興而歸，甚至可能因為車輛的頻繁出入，意外地路殺了許多野生動物，對田間和淺山的生物與環境將會發生難以估計的負面影響。

10

體驗里山、學習里山，
我可以！

：
：
：
：
：
：
▼

**吸引人們走進里山、
導引里山進都會的同步策略**

——

如何讓全民都理解「里山倡議」，而不只停留
在政府部門、學術界，深耕到國民義務教育，
應該是最有效的。

林試所副所長吳孟玲進一步指出：「當教育體
系試圖把中、小學生引導與社會接軌，推出社
會服務時數，這立意固然很好，但如果能利用
這服務時數來推動環境教育，突破封閉的教育
體系，讓服務不再僅限於去圖書館。」

林試所組長王相華建議，「讓在校生有一堂課
是到山村擔任幾天志工，他的生活經驗就會和
里山產生連結，有個經驗的延展，讓孩子接觸
自然是非常值得的投資。」

里山在基礎教育中、在都會公園裡

「就如同小學課本裡談到福山，每個孩子幾乎都去過福山；如果教科書裡談到可以去種樹，讓孩子們有種樹的經驗，長大就不敢砍樹。」吳孟玲直言。

她提出大膽的建議，林務局和臺鐵合作的里山動物列車，「何不從台北一直開？經過貢寮水梯田、宜蘭三星蔥、花蓮石梯坪海稻米、甚至到蘭嶼飛魚到臺南官田水雉；而學生服務時數從小一到小六，到畢業時正好繞里山一圈；將來到長大後，想要放鬆時就會勾起小時候的記憶。」

「綠化再生士」是近 5 年日本力推的執照，「把都市公園改造成像鄉村般，有雜草、池塘、枯木等，重回大自然的生物多樣化，在其中做一些園藝療癒。『里山』雖說是都市和森林的緩衝區，但里山的實踐應該要到都市去推動。」吳孟玲透露自己曾在大阪高塔往下看，大阪的精華地段種著水稻田與蔬菜，「若是推廣教育在生活中就可以接觸到這寫里山景緻，引導人們感興趣到產地去看的水稻又是怎樣？」在都會的一些角落也許是里山的小縮影，讓公園的某步道不必鋪面，跟森林的裸土般原始，「里山是要走入都市，有些空間或許可以考慮這種方式。」

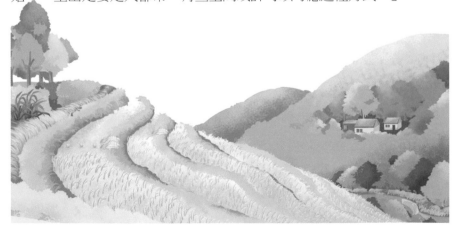

深度體驗是最好的生態教育

提出「一日漁夫」旅遊專案的福連里里長吳文益認為，卯澳是非常好的里海生態教育兼旅遊地點，「海洋國家國民應該要有實際的體驗，而不是懼怕海。」

吳文益希望帶著遊客到海上一遊，進行機會教育。

例如每年農曆 9 月母蟹抱卵時節，為什麼卯澳漁民會採取挑螃蟹的漁作方式，有別於傳統俗諺的「九圓十尖」，也就是在農曆 9 月螃蟹產卵季節，消費者最愛吃身圓的母螃蟹，反而被卯澳漁夫放生？

曾是漁民的吳文益解釋，捕到正值繁殖期的母蟹會選擇放生，是為了讓母蟹能回到海裡繁衍下一代。這種不竭澤而漁的「放生」漁作方式，正是當地漁民共識的「永續」漁法。

現今中壯年的卯澳漁夫們，都曾親眼見證漁業的極興盛，轉而邁入衰敗，再從衰敗中反省，挺進永續的現代進行式。

請問

里山怎麼走？

單以觀光為導向，會毀了我們的里山

生態旅遊到底該如何與社區產業相輔相成？陪伴屏東多個部落以林下經濟和生態旅遊，走向八八風災後的創痛，屏科大教授森林系陳美惠再三叮囑，「絕不可為了發展觀光而不管社區事務，甚至不管觀光是否會影響到社區居民，也不管觀光是否太過空洞……。」

她用「絕不要油掉了」的字眼來形容這種拋卻產業以觀光為主的本末倒置狀況，「一切都為了觀光化是很可怕的，乾脆不要做，因為這麼做會毀了我們的里山，我們有我們的堅持，唯有照顧生態的生產才是最重要的。」

這種不求量化的經濟，可能表現不夠好，陳美惠解釋說，「但我們要尊重部落的生活，就好像是我是一個部落人，他也有不想隨時接待客人，像禮拜天的早晨要上教會，或是現在農忙不想做，都必須順應一個社區的生產與生活步調，裡面可以融入觀光。」

里山，是在地居民與環境生態和諧共處的生產生活狀態，就跟都市人上班的地點一樣，我們不會任意闖進參觀別人的辦公室，但是持續購買他們的產品，參與工作假期或是成為農夫們的穀東，讓農村維持健康的循環，都會是里山最貼心的守護者。

11 成為里山守護者，我可以！

....
▼

成為里山返鄉青年、
生態與生產研究者、NGO 夥伴

———

拿掉人，再美的自然環境也只是荒山；沒有人，農村漁村必定凋零。但怎樣重振這些曾經繁榮的農村和漁村，把人導回森川里海之間？又如何不要因為人類的開發，殲滅了生物多樣性？

強調人與自然共生的生產生活環境的「里山倡議」，是一種呼朋引伴的倡議，臺灣也於 2010 年引進「里山倡議」，就是為了替人與生態的生產關係找到出路。

由林務局與民間的非營利組織夥伴們（簡稱 NGO），藉由共同推動水梯田復育、綠色保育標章、原鄉綠色經濟等工作，讓人與生態找到和諧共榮的夥伴關係。

讓適合的人長駐里山，長期經營最重要

「『里山倡議』的主體力量絕對是來自於在地居民。」東華大學副教授李光中強調，但這也是最難的部分。

曾在林試所恆春研究中心待過的林試所組長王相華舉墾丁為例：「臺灣推里山最缺乏的正是長期軟體的人力，我們提供短期補助都用在硬體上，我覺得我們最缺的是軟體——讓適合的人回到原鄉或部落，長期經營社區。」

里山不僅是要恢復傳統友善大地大海和河川的農耕法或捕魚法，其實也是一種非常具有科學精神的倡議。

第一個必須了解當地的生態系統和物種，首先要進駐的就是學科學的人。宜蘭大學森林暨自然資源系助理教授毛俊傑認為：「里山固然很理想，但實際執行面上，里山牽涉的是好幾個生態系、人文、社會學和法律等問題（如原住民權益），所有東西全部雜揉在一起。」

「生態系有一個很大問題是，如果基本資料不夠時，誰被誰吃，誰吃誰，就無法釐清箇中關係？坦白說，到現在並沒有看到一個完整的食物鏈架構，能把每個食物鏈的連結關係清楚呈現。」毛俊傑直陳著。

里山透過當地人的記錄，實踐公民科學精神

推行里山多年來，學術界與調查機構仍然沒有停止他們的工作。水試所副研究員陳均龍認為，無論是里山或里海最重要的莫過於世居當地的居民，或是外來定居的移民。

推動公民科學，讓當地人與做研究、做調查的人，甚至和組織合作，最能夠探索描繪出當地的生態系統。

以漁村來說，地方上固然有很多知識，他們清楚自己幾月可以抓到那些漁獲，「但這東西永遠在他腦袋裡，我們永遠不知道。」陳均龍指出研究者常遇到的盲點與瓶頸。

「如果透過公民科學，我們就會知道，因為他知道 5 月要去抓，而這個社區的人做了記錄，我們就知道原來當地 5 月有哪些魚，就會變成資料化。」

陳均龍又指出，如果看「里山倡議」的架構，裡面的原則是科學的管理，以科學為基礎，即使他的公民科學收集的資料不是那麼完全科學，但我們仍能在有數據的基礎下做管理，「絕對是比我們自己用想像的串連起來會好很多，所有漁獲季的管制才會是相對地精準，位置也會相對地明確。」

請問

里山怎麼走？

要有人進駐隨行

從推動「里山倡議」一開始，除了各種研究調查機構外，NGO 界就成為與當地有社會意識者最常合作的外來人，而綠色保育標章則將重心放在友善的生態生產面向上。

由林務局與慈心基金會合作，從貢寮和禾米、官田水雉菱角、苗栗通霄谷津田的田鱉米和苗栗石虎米、羅東的新田董米（復育董雞）、埔里笈白筍（復育臺灣白魚）、臺灣藍鵲茶等，透過指標性動物、動物認證，足以證明生產者的田區都採友善耕作。

「貢寮和禾米」有人禾基金會陪伴

客觀性的保育標章之外，更重要的是必須有人進駐陪伴，如世外桃源的貢寮水梯田，其實是由人禾環境倫理發展基金會（簡稱人禾）與林務局合作，推動水梯田復育計畫，由國家提供生態勞務給付，以執行濕地及物種的保育工作，經過陪伴在地農友的長期經營，復育水梯田，以利當地的生物多樣性。

人禾的初衷就是要把資源帶到在地，邀請當地農夫、割友會一起合作種「和禾米」，並成立「狸和禾小穀倉」，負責後製及銷售和禾米，也開發出田間的其他副產物。

不過，最重要的是透過不用農藥化肥的耕作法，並進行田間水生物觀察，創造有利於生物多樣性的環境。

「臺灣藍鵲茶」收復流域

坪林的闊葉林以及茶園、果園眾多，讓藍鵲家族定居且食物無虞，不時出沒路旁。

以藍鵲為綠色保育標章的臺灣藍鵲茶，起初由臺大城鄉所研究生團隊進駐。藍鵲茶團隊以鳥為名，以「流域收復」概念，翻轉坪林數位茶農過去為降低成本和提高產量以化肥農藥的慣行農法。

現在，這些茶農結合生態保育、友善環境的茶葉種植法，也營造生物願意棲息的生態環境。當茶農將茶葉收成後製作加工，就由藍鵲茶團隊扮演盤商角色，為友善種植的茶找到出路。

綠色保育標章為青壯農經濟找到出路，老齡化的農村也在外部陪伴進駐之下，看見曙光。

以前怎麼做，現在就怎麼做

2016 年起，花蓮豐濱的復興 Dipit 部落，在東華大學、林務局花改場和水保局，與較靠海的噶瑪蘭新社部落組成生態農業倡議的「森川里海」多元權益關係人參與平臺。

以在地部落居民為主體，搭建起跨域平臺，統合起新社村的森林（森）、河川（川）、田地（里）和海洋（海），由下而上地守護這片沿海極珍貴的社會生態地景。

花改場還提供當地 70 ～ 80 歲老農夫課程，協助 Dipit 部落復育自己的水梯田。年輕一輩的媳婦們與外來輔導團隊攜手合作，為 VuVu 們打氣說：「以前怎麼做，現在就怎麼做。」

請問

里山怎麼走？

「新南田董米」賣米利潤直接回饋農夫與社區

新南田區則是林物局羅東林管處在國土生態綠網架構下的首批合作對象，由知識青年與在地農民共同合作，創造多贏局面。

因為賞鳥發現了最喜歡的董雞（因叫聲「董——董——董——」而得名），農夫稱為「田董」的林哲安，有空就往宜蘭跑，想透過水田營造，改善鳥類棲地，因而生出新南田董米這個品牌。

返鄉知識青農的林哲安，邀請在地農民棄慣行農法轉為無農藥、無化肥耕作，人、田地和鳥類等生物都是受益者，賣米利潤直接回饋農夫與社區。參與契作的農夫一直增加，透過調查發現這片濕地的鳥類已有 174 種。

加入國土生態綠網後，由羅東林管處提供新南田董米生態系服務給付，讓這裡的水鳥等生物多樣性獲得保育，達到雙贏。

彩鷸

落實里山願景，外部力量攜手在地人

現代化從都會逐漸進到農村裡，消費方式變了，也改變了人和土地的關係。在淺山地帶，人不時與自然摩擦衝突，甚至讓自然環境變成破碎，生物也無法棲息，但人的經濟與生活不見得更好。

如何由外部力量和在地人一起找出傳統智慧的優點，並導入新興科學性的做法，描繪出當地的聚落景觀、生產地景，整理出傳統文化、傳統知識、無形文化資產等，找出人與自然和諧共生的相處模式，重回生物多樣性，里山才能落實，而非口號。

請問

里山怎麼走？

MORE　哪裡可以買到里山物產？

1. 加塱溪

⊕小島友米
https://www.facebook.com/kebalanrice/
產品：海稻米之白米、糙米。
⊕八個傻瓜
https://reurl.cc/yyKA0a
產品：白米、糙米、黑豆茶、苦蕎茶。
⊕花蓮 Dipit- 復興部落
https://reurl.cc/xDK3bV
產品：米、洛神花乾、蘿蔔乾、美麗貝殼 (Dipid) 一
日遊 (部落採預約制，不接受旅行社打擾)。

2. 中寮鄉

⊕上下游基地
臺中市五權西 2 街 100 號
https://www.facebook.com/groups/newsmarket/
電話：04-23783835
⊕水花園有機市集
每周六 09:00 ～ 17:00 在台北市新生南路臺灣大學的
農業陳列館
⊕織谷美學生活網
02-2531 8323
臺北市中山區中山北路一段 83 巷 18 號
產品：香蕉、香蕉乾、龍眼、龍眼醋、龍眼乾。

請問

里山怎麼走？

3. 貢寮水梯田：

　⊕狸和禾小穀倉網站
　http://monghoho.blogspot.com/p/blog-page_25.html
　產品：和禾米、和禾餅＆和禾小穀力、和禾米香、和禾分享蜜、
　狸山動物刺繡等。

4. 卯澳漁村：

　⊕卯澳海洋驛站
　https://reurl.cc/A1b3p8
　電話：02-2499-1617
　產品：海鮮料理與石花凍等各種產品。
　⊕最愛手作工場
　新北市貢寮區福連街30-2號
　https://www.facebook.com/favoringly/
　電話：0910139520
　產品：由植物、花與自然素材製成手作品，採預約制。

5. 德文部落

　⊕馬古都莊園
　http://makudu.blogspot.com/
　電話：0915-876625(請洽包金茂 Ru Ni Gau)
　產品：咖啡、糧膳米(紅藜＋油芒＋小米，超級未來食物)。

6. 官田水雉生態教育園區

　https://www.facebook.com/groups/jacana.tw/
　https://jacanatw.org/
　產品：菱角、米

7. 林務局社區生態雲

　http://ecocommunity.ieco.tw/

8. 里仁

　https://www.leezen.com.tw/

請問里山怎麼走？

走讀從森林到海岸的四季生活

作　　者：古碧玲
繪　　圖：蔡靜玫

發 行 人：林華慶、張豐藤
總 策 劃：林華慶、廖一光、林澔貞、邱立文
策　　劃：黃群策、羅尤娟、石芝菁、王佳琪

諮詢專家：洪美華
美術設計：陳慧洺
責任編輯：黃信瑜、莊佩璇、何　喬
編輯小組：黃麗珍、謝宜芸、陳昕儀、洪美月、巫毓麗、蘇暐凱、蔡昕庭

出　　版：行政院農業委員會林務局
　　　　　社團法人台灣環境教育協會
代理發行：幸福綠光股份有限公司
印　　製：中原造像股份有限公司
初　　版：2020 年 1 月
定　　價：新台幣 420 元（平裝）
ISBN：978-986-91132-4-3
GPN：1010802666
本書如有缺頁、破損、倒裝，請寄回更換。

特別感謝：王相華、毛俊傑、包金茂、吳文益
　　　　　吳孟玲、吳昌鴻、吳政澔、李文珍
　　　　　李光中、林育秀、林紋翠、柯大白
　　　　　范素瑋、徐子富、張源沛、張鴻濱
　　　　　陳均龍、陳美惠、陳義雄、楊懿如
　　　　　戴金英（依姓氏筆劃排序）

國家圖書館出版品預行編目資料

請問里山怎麼走？走讀從森林
到海岸的四季生活 / 古碧玲著；
蔡靜玫繪 . – 初版 . – 高雄市：
社團法人台灣環境教育協會；
臺北市：行政院農業委員會林
務局，2020.01
面；　公分

ISBN 978-986-91132-4-3（平裝）
1. 自然保育 2. 臺灣
367　　　　　　　　108018747